見えないときに、見る力。

視点が変わる打開の思考法

(株)日本教育政策研究所
谷川祐基

CCCメディアハウス

多くの言葉で少しを語るのではなく、
少しの言葉で多くを語りなさい。

——ピタゴラス

Prologue
老人と海

「で、なんで全国民が数学を勉強せなあかんのや？」

……………………「数学嫌い」の素朴な疑問

あーもう、数学めんどくさい！　こんなの勉強する意味あるの!?　因数分解ていつ使うわけ？

——……やはり言われた。中学3年生のクラスを持つと出てくる定番の質問だ。

いやね由紀ちゃん、日常生活で因数分解を使うことは少ないけどね、数学を勉強する意味っていうのは、論理的思考力を培い問題解決力を身につけるためであるわけさ。そもそも由紀ちゃんの持ってるそのスマホだって、数学がなければ動かないわけだし……。

そういうのは得意な人がやればいいじゃない！

＊　＊　＊

——生徒の疑問に、どうも上手く答えることができない。

なぜ数学は大切なのか。なぜ数学を学ぶ必要があるのか。

僕自身は、わりと数学が好きな子どもであった。テストで毎回100点をとるような成績優秀者ではなかったが。もちろん、苦手な単元やわからない問題というのはあったけど、それは先生の教えかたや自分の考えかたが悪いせいだと納得していた。小学校から高校まで、算数や数学の楽しさを教えてくれるいい先生にも出会ったし、授業がわかりづらくつまらない先生にも出会った。大学では物理学科に進んだことで、現代の科学技術がいかに数学に支えられているかが肌でわかった。だからこそ、物理や数学の楽しさや素晴らしさを子どもたちに伝えたいと思い、塾の講師を職業に選んだわけだ。

だがしかし、どうも伝わらない。

生徒とのやり取りを思い出しながら、歩いてきたのは芝浦ふ頭の南の端っこだ。ここは職場の一つである塾から20分ほどの距離だが、人が少なく静かなので、考えごとをしたいときにしばしば来る。タグボートが係留されている、正真正銘の東京都港区の港であるが、港区女子などはいない。休日になると、釣り人や運動公園を使う子どもたち、沖を行き交う船を眺める船マニアらしき人などがちょくちょく訪れるが、平日はほとんど人っ子一人いない。コンクリートで固められてはいるが、誰もいない静かな海岸。

誰もいない静かな海岸。のはずだったのだが……

辛気くさい顔しとるのぉー。

——不意打ちのように、後ろからすっとんきょうな声が投げかけられた！

え？

——思わず振り返ると、古びた自販機の横に立っている、妙な服を着た老人がこちらを見てニヤついている。妙な服とは、ローブというかなんというか、白い布を巻いただけのような服だ。頭にはまた、ターバンのような布を巻いている。さらに特徴的なのはフサフサとした白いあご髭である。

この公園を寝床にしているホームレスだろうか？　いままでここでホームレスの人を見かけたことはないが、最近こちらに来たのかもしれない。何にしろ、あまり関わるのはやめておこう。僕はその老人を見なかったことにして、歩くペースを早めた。

自分、数学の先生やろ？

え？

——素早くその場を立ち去るつもりだったが、思わずドキッとして足を止めてしまった。慌てて今日の服装を確認した。スーツ姿で仕事のカバンは持っているものの、数学の教科書がカバンからはみ出したりはしていない。平日の昼間にスーツでこんなところをうろうろしてるのは、どちらかというと営業中のサボリーマンだろうし、塾の講師には見えるかもしれないが、「数学」と特定するほどのものは持っていないはずだが……。

ありゃ、カマかけたら当たってしもうたなー。まあ、わい、見るとだいたいわかるんよ。同業者みたいなもんやからなぁ。

——同業者？　この老人も数学の講師なのだろうか？

同業者って、どういうことですか？　あなたも数学の先生なんですか？

——……つい反応してしまってから、僕は少し後悔した。もしかして、面倒くさい人に話しかけてしまったのかもしれない。

せやな。気になるよな。気になるよなー。**わいな、ピタゴラスちゅうんや。**

——しまった。やっぱり、話しかけちゃいけない面倒くさい人だ……。

あれ、もしかしてわいのこと知らん？　結構有名やと思うんやけどな。ほら、ピタゴラスの定理って中学校で習うやろ？

いや、ピタゴラスは知ってますけど、あなたは知りませんし……。

何ややこしいこと言っとるねん。知っとるんやんか。

いや、だから、ピタゴラスという数学者がいたのは知っていますけど、それは2500年ぐらい前の古代ギリシアの人ですし……。

――僕は本気で、変な人に声を返したことを後悔しはじめた。もしかしたらこれは、本当にやばい人かも。

ほら、よく知っとるやんか。

そういうことじゃなくて、ピタゴラス本人がこの眼の前に現れるわけはないじゃないですか。

あら、数学者のくせに、目に見えることしか信じられれんのか？

――……その老人はちょっと気になる言葉を持ち出した。

いま、ちょっと気になること言いましたね。

ええなぁ。話に乗ってきたなぁ。辛気くさい顔して悩んどったから、相談に乗ってやろうと声掛けてやったんやで。これでも、わい数学にはちょっと自信あるんやで。

――ここで少し考えたのは、この老人は変な人ではあるが、何者かであるかもしれないという可能性だ。もしかして本当に、数学に詳しい人なのかもしれない。引退した著名な数学者とか。僕が言うのもなんだが、数学者には変人が多いからあり得る話だ。

じゃあ、せっかくなので相談に乗ってもらえますか。

僕は、お察しのとおり数学の先生です。数学の楽しさを子どもたちに教えたいと思って塾講師になりました。それで、いくつかの塾で数学を教えてるんですけど、なかなか数学の良さが伝わらないんです。数学は人生で必要ないとか、べつに将来使わないとか、生徒に言われてしまって。

わいも自己紹介したんやから、まず自分も名乗らんかい。

――……この人、いちいち微妙にイラッとさせる。

そうですね。僕は横形環太といいます。よろしくお願いします。

ほな環太、自分が考える数学の良さって、なんや？

数学っていうのは、現代文明の礎ですよ。ほとんどすべての現代の科学技術は物理学によってつくられていて、そしてその物理学は数学に支えられているんです。

サイン・コサイン・タンジェントなどの三角関数を使って構造計算をしないと建物は崩れてしまいます。ほら、この上に架かっているレインボーブリッジだって数学を使わないと崩壊します。虚数 i とか複素数とかって、存在しない数なのに何に使うの？　って聞かれますけど、電磁気学は複素数がないと成り立ちません。身近な例だと、家についているコンセントを流れている電気も、スマホの電波も、複素数を使って制御しています。もしこの世に数学がなければ、電気も高層ビルも自動車もなくなってしまいます。

田んぼでお米をつくるのだって天気予報や天文学が必要だし、その天文学はやはり数学に支えられています。数学がなければ、人類の文明は石器時代まで戻ってしまうんです！　江戸時代や平安時代どころか石器時代ですよ！

——僕は思わず熱くなってしまった。

せやなぁ。それはそうなんやけどなぁ。ま、話を順番に整理していこか。

——なんか、いつの間にか主導権を握られている気がする。

日本の場合、小学校では算数を勉強して、中学高校から数学を勉強するやろ。小学校の算数で習うのは、足し算引き算といった「四則演算」、「分数」や「小数」、「図形」や「面積体積」、「時間」や「速さ」なんかやな。この**「算数」で習う事柄は、概(おおむ)ね日常生活で役に立つこと**やないかな。

消費税が8%だとか10%だとかいう話は、足し算掛け算や小数分数がわかっていないと理解できへん。「30分後に集合ね」と言われても、時間の計算ができないと何時何分に集合すればええかわからへん。**算数がわからないと日常生活に支障がでるわけや。逆に言えば、「算数」は必要だし役に立つ。これはたいていの**

人が同意する。

ところが、中学生になって「数学」がはじまると話が変わってくる。「数学」で習うのは因数分解とか二次関数とか微分積分や。これって、日々の生活で使うチャンスがあるんやろか？と疑問に思う生徒が増えてくる。算数数学嫌いが急速に増えるのも中学校からや。必要性がわからんから興味も持ちにくいんやろな。

――この人、胡散くさい見た目のわりにはまともなことを言う。

それはそのとおりですけど、あなたピタゴラスっていう設定じゃなかったでしたっけ？　なんでそんなに現代日本の教育事情について詳しいんですか？　本当に2500年前からタイムスリップしてきたとかなら、もうちょっとそれらしく……。

設定やない！ わいは正真正銘のピタゴラス本人や。

まあいいですけど。でもさっきも言いましたけど、たとえ日常生活で中学高校の数学を使う場面は少なくとも、現代文明には数学が必要なんですよ。

じゃあ聞くけどな、数学を使いこなして科学技術に役立てる。それが可能なレベルの数学をマスターするためにはどのくらいの勉強が必要や？

もちろん技術の分野によって使う数学の分野も違いますけど、やっぱり大学で微分方程式を解けるぐらいになると、様々な分野に応用が効くようになりますよ。

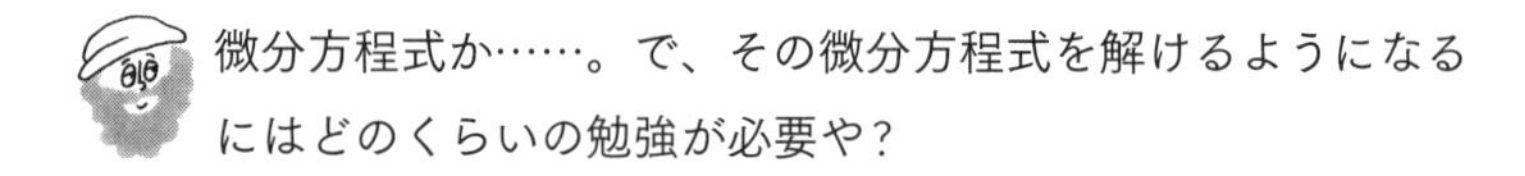

微分方程式か……。で、その微分方程式を解けるようになるにはどのくらいの勉強が必要や？

中学校や高校の数学のカリキュラムって、基本的には微分方程式を解くことを目指して組まれてるんです。方程式も、グラフも、三角関数も、微積分も、微分方程式を解くための下積みと言っていいかもしれません。

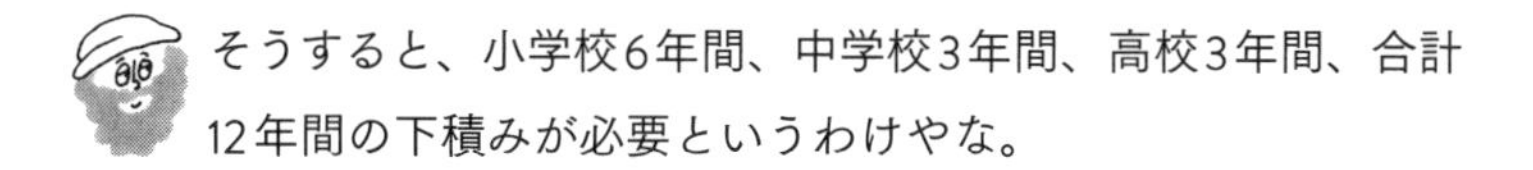

そうすると、小学校6年間、中学校3年間、高校3年間、合計12年間の下積みが必要というわけやな。

……まあ、そうなりますね。そのくらいの手順が必要なのかなと思います。

で、12年間の勉強の後、数学が使えるようになったとして、その数学を生かして現代文明に貢献をしている科学者や技術者ってどのくらいおるわけや？

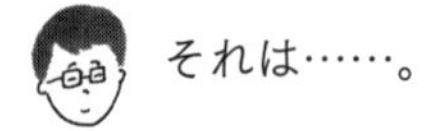

それは……。

――ちょっと痛いところをつかれた気がした。物理学科の同級生ですら、科学者や技術者の道を選んだ人は少数派だ。

そやなぁ。1割位かなぁ。全国民の1割もおれへんやろな。で、数学を生かして仕事をする人は1割もいないわけやけど、じゃあ**なんで全国民が数学を勉強せなあかんのや**？　しかも、日常生活で役に立つ算数はともかく、中学高校の大事な青春の6年間をかけて数学を勉強して、結果数学を使わない人は9割以上なわけやろ？　効率悪すぎやへんか？　やっぱり、数学は数学が好きな人と仕事で使う人だけ勉強すればええんやないか？

それは……なんというか、徴兵制みたいなもので、数学を勉強するのが希望者だけだと、国民のなかで数学を使える人が少なくなってしまうんじゃないかと……。

なんやそれは！　結局、数学をやりたくない人にも無理やり数学を勉強させるんかい！　それやったら、数学コンクールに賞金でも出して、お金で釣って勉強させたほうがまだましやないか。

徴兵制はちょっと言いすぎましたけど、仮に将来的に仕事で数学を使わない人であっても、数学を勉強することは決して無駄にならないんです！　数学を学ぶことで、論理的思考力や問題解決力を身につけることができます！

その、論理的思考力って、なんやねん？

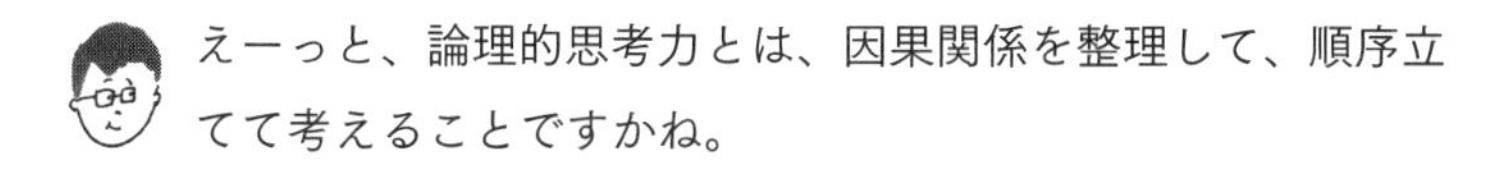
えーっと、論理的思考力とは、因果関係を整理して、順序立てて考えることですかね。

ほな、問題解決力は？

そうですね。目の前の問題や課題についてより良い解決方法を考えて、それを処理する力っていうところでしょうか。

はぁ……ほな……そうかぁ……

――ピタゴラスを名乗るこの老人はいちおう僕の話を聞いているものの、何かピンときていないようだった。

そうやろうなぁ……。わかってきたで……

何がわかったんです？

お前が、数学を全然知らんということや

えっ!!!

いまの話生徒にして、生徒は納得しとったか？「先生、数学ってすごいね!」て言うたか？

いや、なかなか伝わらなくて困っていて、それで悩んでいるんです。

せやろな。生徒のほうが素直やで。ウソをついてもすぐそれとバレる。

僕はウソなんかついてません!

生徒を騙そうとして、自分も騙されとるんや。

いいか環太、お前は数学のなんたるかを完全に履き違えとる。数学の本質は、実用性でも論理性でも問題解決力でもない。

じゃあなんなんですか?

数学の本質は、抽象性や。

ちゅ、抽象性?

＊　＊　＊

――僕が書こうとしているのは、この不思議な老人、自称ピタゴラスとの出会いの顛末(てんまつ)である。僕は決して文学的な人間ではなく、日記を書いたこともほとんどないぐらいだが、この顛末には書き伝える価値があると思い、筆を執った。皆さんには、しばしお付き合い願いたい。

登場人物

横形環太（A.D.1992年 -）

教育熱心なフリーの塾講師。物理・数学の素晴らしさを子どもたちに伝えたいと思い教育業界に入った。しかし、数学嫌いの生徒たちには手を焼いている。東京にある私立大学の物理学科を卒業している。

ピタゴラス（B.C.582年 -）

古代ギリシアの数学者、哲学者。宇宙の根源は数であると信じ、「ピタゴラス教団」と呼ばれる教団を率いて数学・天文学・音楽・宗教などを研究した。「ピタゴラス音律」や「ピタゴラスの定理」で有名。なぜか豆をひどく嫌い、弟子たちにも豆を食べることを禁じたという。

桜庭由紀（A.D.2006年 -）

数学が嫌いな中学3年生。トリマーになりたいと思っているが、両親には反対されている。なお、登場するのは冒頭の1ページのみである。

Contents

▼

Day 2
愛と現金

Day 3
論理と非論理

Day 4
本質と理解

Day 5
具体化と抽象化

Day 1
具体と抽象

人間は、五感で捉えることができないと
「わかりにくい」と判断する。

——『賢さをつくる』より

Lesson ▸ 1

「数学の本質は抽象性や。言うたら、一般化や」

……………個別的な「具体」、一般的な「抽象」

――「抽象」とはわかりにくい言葉である。「その話は抽象的でわかりにくい」とか、「現代美術は抽象的でわかりにくい」とか、だいたい「わかりにくい」という言葉とセットで使われる。僕は、生徒にわかりやすくおもしろく数学を教えたいだけで、話をわかりにくくしたくはないのだが。しかしこのピタゴラスを名乗る老人は、「抽象性」こそが数学の本質であるという。

数学の本質が抽象性って言われても、どうも話が見えないんですけど。

それや！　それ！　なんや、けっこうわかっとるやないか。**抽象的なものは目に見えない**もんなんや。

うーん、僕は何を話してるのかよくわかっていないんですけど……。

数学っちゅうのは、最初から最後まで、抽象化を目指しているんや。数学の言葉で言えば、**「一般化」**て言うたほ

うがええかな。特定の場合だけではなくて、**できるだけ、どんなときでもどんな場合でも**使えるようにしようってことや。

「一般化」なら多少しっくりきます。

ちなみに、「抽象」の反対語ってなんやと思う？

「抽象的」の反対は「具体的」と言うので、「具体」でしょうか。

せやな。「具体的」というのは、もうちょっとわかりやすく言うとどういうことや？

具体例、という言葉がありますけど、**個別の例**ってことですかね。

せやな。「個別」という言葉はちょうど「一般」の対義語やな。わかりやすい、もう一つ、「具体」の重要な性質を挙げると**五感で捉えられる**っちゅうことや。具体的なものは、見たり、聞いたり、触ったり、味わったりすることができる。逆に言えば、抽象的なものは五感で捉えられない。見たり、聞いたり、触ったりできないものや。

整理するとこんな感じやな。ちょっと自分、ノート貸してくれや。

――ピタゴラスは、返事も聞かずに僕のカバンからノートとペンを取り出すと何やら書き出した。

具体 ⟷ 抽象

個別 ⟷ 一般

五感で捉えられる ⟷ 五感で捉えられない

すさまじく下手な字ですね。

注目点はそこやないやろ！　これでも一生懸命日本語練習したんやで。まあ、わい、ギリシア文字もあんまり上手やなかったけどな。

ちょくちょくギリシア人アピールしてきますね……。まあでも、わかりやすくはなりました。**具体的なものとは、個別的で五感で捉えられる。**反対に、**抽象的なものとは、一般的で五感で捉えられない。**ということですね。

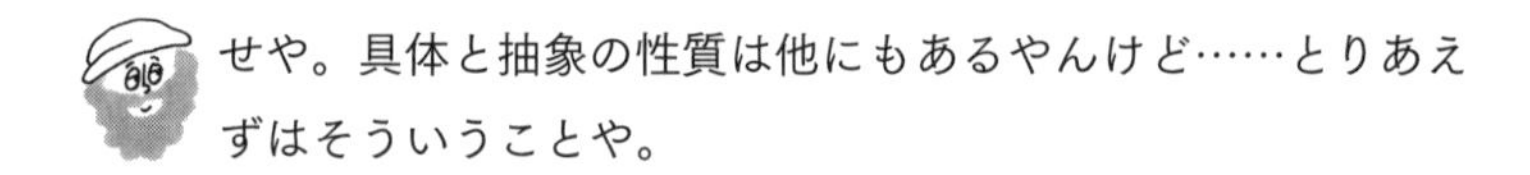

せや。具体と抽象の性質は他にもあるやんけど……とりあえずはそういうことや。

——具体と抽象の性質が「他」にもあるとは、ちょっと気になる言葉だが……。

人間は誰でも、オギャーと生まれてこの世にデビューすると、五感で世界を感じはじめるわけや。お母さんのぬくもりを感じ、お父さんの声を聞き、いろんなものを口に入れて食べ物かどうか確かめる。幼稚園ぐらいになると、身の回りのものを見て、それが何か区別できるようになるやろな。これはリンゴでこれはミカン、これはタンポポでこれはヒマワリ。

成長とともに抽象的な概念も少しずつ理解できるようになってくるのやけど、**子どものうちは具体的な理解が中心**や。どういうことかというと、例えば「幼稚園って何?」と幼稚園児に聞けば、それはおそらく、自分が通っている幼稚園が唯一無二の幼稚園で、「建物があって先生がいて友達がいて、遊んだり歌を歌ったりする場所!」だと答えるやろな。これが**個別的・五感的な理解**や。一方、大人に同じ質問をすると、「幼稚園とは、就学前の教育や保育を目的とした施設で、日本には公立私立合わせて1万近く存在しまして……」という感じで、**一般的・全体的な見かた**で答えることが増えるわけや。

さて、幼稚園を卒園して小学校に入学すると、お待ちかねの算数がはじまるで!

―― ピタゴラスは、両手を広げて声を上げると、横目でチラリと僕を見た。

合いの手や、合いの手! そういうの大事やろ。

——（え、そういうの入れるの?）

あ、はい。ま、待ってました!

うんうん。乗ってきたで〜!

さて小学校に入ると本格的に算数を習いだすわけやけどな、代表的なのは、足し算・引き算・掛け算・割り算といった四則演算やろか。この時点で、物事はかなり抽象的になっとる。例えば「3×2」と言ったときな、この「3×2」とは何を意味しとるんやろか?

例えば「お皿にリンゴが3つ乗っている。そのお皿が2皿ある」ということやろ。リンゴの数を「3×2」という数字で表しているわけや。数字っちゅうのは、人類の大発明やで!　これで、あらゆるものが数えられるようになったんや。お皿に乗っているのはリンゴじゃなくてもかまわへん。ミカンでも、スイカでも、**何がお皿に乗っていても「3×2」という数字で表すことができる**ようになったんや。

ただな、**数字という抽象概念を使いだした弊害**というのもある。それは、**五感で感じにくくなった**ことや。リンゴの絵や写真を見て、「美味しそう」と思うことはあるやろ。味や舌触り、香りを想像することもできる。ところが、数字を見て、これがお皿に乗ったリンゴを意味するものだとしても、この味を想像することは難しいやろな。無味乾燥っちゅうやつや。ほれ見てみい。どっちが美味しそうや?

——そう言うと、ピタゴラスは（僕の）ノートにリンゴの絵を（勝手に）描き出した。

なるほど。リンゴの絵や写真を見て「美味しそう」とか「すっぱそう」と思うことはあっても、数字から味を想像することはないですね。

さらに学年が進んで中学生になると、ついに数学のはじまりや！　**中学生になると、数字はさらに抽象化されて、「$x \times y$」のような文字式になる。**「$x \times y$」と書けば、これは「3×2」だけやない。「5×4」も「8×100」もすべて同時に表すことができる。**数字が文字式に一般化された**んやな。ただしここでも、具体性が失われる、つまり五感で感じにくくなるという代償がさらに進む。「x

×y」という式をいくら眺めても、リンゴやお皿の姿はなかなか見えてこんやろ。

中学校から数学嫌いが増えるのは、「算数」が「数学」として本格的に抽象的になってくるからや。具体的でない、見えない、五感で感じにくいから「わかりにくい」「何をしているかわからない」と言われるんや。

高校数学になるとさらにさらに数学は抽象化していき、「xの関数f(x)」というように表現される。ここまでくると、仮にこのf(x)がリンゴの数を数える関数だとしても、リンゴの形を思い浮かべるのは本当に難しい。**「f(x)」と書くだけで、リンゴの数えかたから地球の回転スピードまであらゆることが表現できるようになった**反面、具体性は失われ五感で捉えにくくなってしまったんや。

——ピタゴラスは、図に説明を書き足しながらしゃべっている。

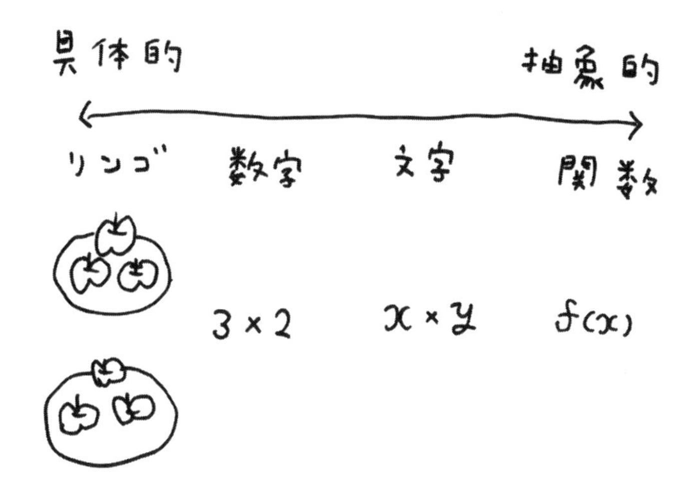

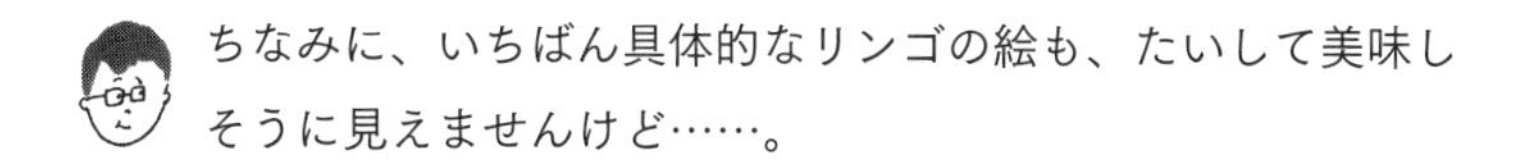
もっと先の大学での代数学では、さらに数や四則演算を抽象化して「群」とか「環」とか言いだすやろ。こうなるとリンゴの美味しさを感じるのは不可能やろうなぁ。

ちなみに、いちばん具体的なリンゴの絵も、たいして美味しそうに見えませんけど……。

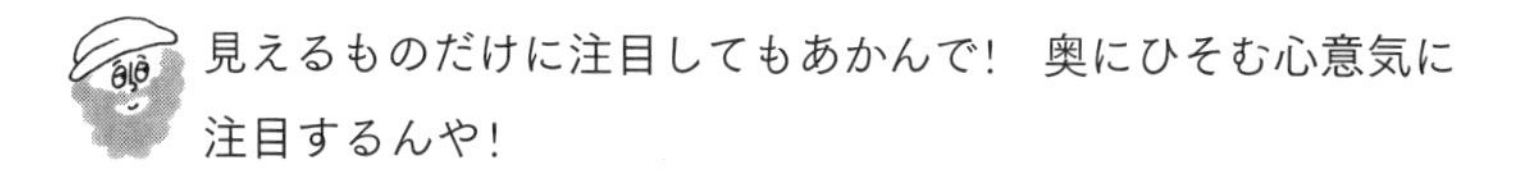
見えるものだけに注目してもあかんで！　奥にひそむ心意気に注目するんや！

Lesson ▸ 2

「世界が急に変わったから、ついていかれへんのや」

……………… **「速さ・時間・道のり」というトラウマ**

自分、小学生の算数も教えとるん?

え、はい。小学生も教えてますよ。そちらは個別指導で、学校の授業の補習なんかをしています。

数学嫌い言うて、まあ急激に数学嫌いが増えるのは中学校からだけども、小学校の算数からその気配をみせる子もたくさんおるやろ。算数が嫌いになるのは、どの単元からや?

そうですね……。

もちろんどの単元でもつまずく子はいますけど、分数……割合……速さ……あたりですかね。繰り上がりの足し算ができないとか、掛け算の筆算でミスが多いって子もいますけれど、このへんはいちおう、練習量を増やせばなんとか慣れるんですよ。でも、**分数、割合、速さといった単元は、なかなか理解してもらえない**というか、どれだけ問題数をこなしても、できない子はできないままになりやすいんです。

ま、そんなとこやろ。じゃあ聞くが、その分数、割合、速さに共通する、算数嫌いを生み出す要素とはいったいなんじゃ???

えっと……割り算……かな……?

惜しい。

え?

惜しいなぁ。いい線いっとるんやけど、もし割り算がそれらの単元の苦手を生み出しているなら、割り算を練習したら分数や速さが得意になるん?

残念ながら、そうはならないと思いますよ。計算でつまるとかじゃなくて、もっとこう、本質的な理解をしてもらえないというか……

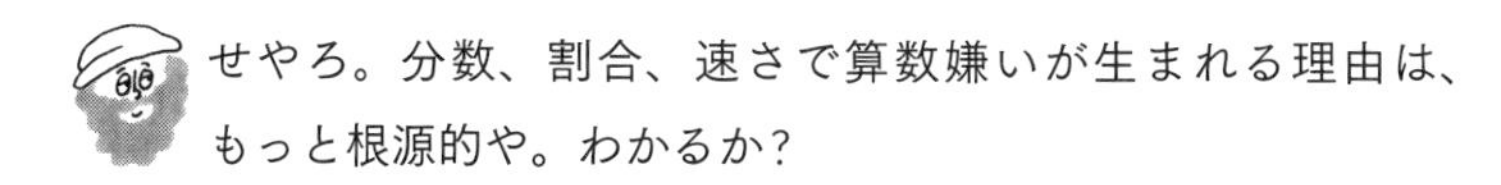

せやろ。分数、割合、速さで算数嫌いが生まれる理由は、もっと根源的や。わかるか?

――ピタゴラスはニヤついて僕の眼を覗き込んだ。

それは、**分数や速さが抽象的だから**や。

——また出てきた。「抽象的」だ。

それ、どういうことですか?

分数からいってみよか。この問題やったら、小学生にどう教える?

例題

$\frac{1}{5} + \frac{2}{3}$ **を計算しなさい。**

えーと、通分ですね。分母が5と3で違うので、このままでは足し算できない。だから分母を15に揃えます。

$$\frac{1}{5} + \frac{2}{3} = \frac{1 \times 3}{5 \times 3} + \frac{2 \times 5}{3 \times 5}$$
$$= \frac{3}{15} + \frac{10}{15}$$
$$= \frac{13}{15}$$

なんでやねん！

え、これであってますよ。

そういう話やない。わしは、分数を習っている小学生の気持ちを代弁したんや。

だから、小学生にもわかりやすく説明しているつもりですけど……。

ちゃうちゃう！　小学生の気持ちになるとな、いま生徒は、**世界が変わったことに気づいていない**んや。

世界が変わった？

そう、小学生に分数を最初に教えるとき、学校の先生も、自分も、わかりやすく身の回りの見えるもので説明しようとするやろ。例えば、$\frac{1}{5}$ならケーキを5等分した1つ分、$\frac{2}{3}$ならケーキを3等分した2つ分、みたいな感じや。

ちょっと、$\frac{1}{5}$のケーキと$\frac{2}{3}$のケーキを絵に描いてみい。いいか、下手でも適当でもいいから、**必ず自分で描く**んやで！

※必ず自分で描くんやで!

えーと、こんな感じですかね。

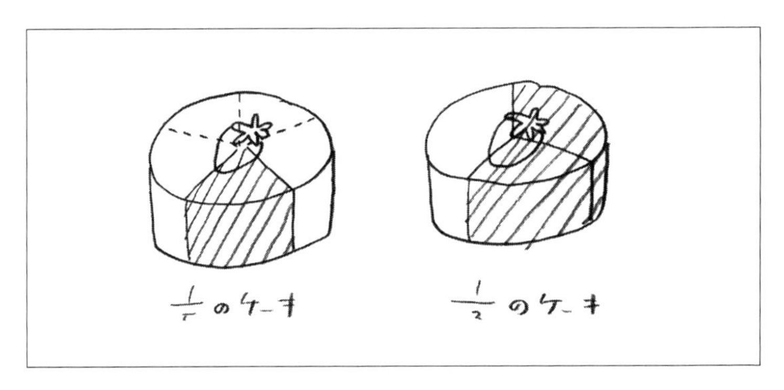

そうそう、分数を習いはじめたとき、算数の教科書にはこのように、ケーキの絵が描いてある。ケーキという、目に見える身近なものを使って分数を理解してもらおうということやな。これが**具体性の世界**や。

ところで、今度は、$\frac{1}{5}+\frac{2}{3}$をケーキの絵にしてみ。

※必ず自分で描くんやで!

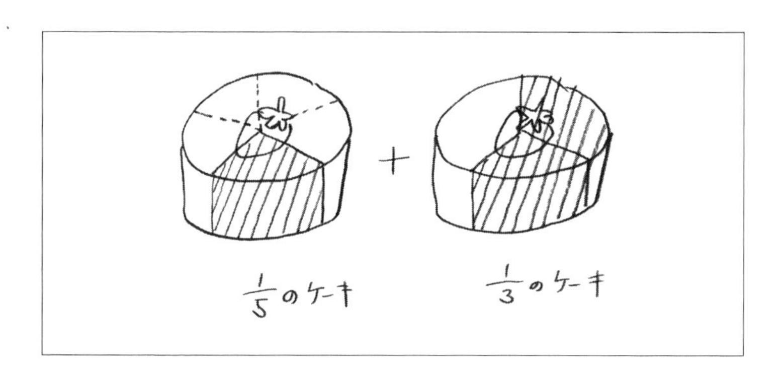

うーん、さっきの絵とあまり変わりがなくなってしまいますが……。

なんでやねん!

え、いまツッコミどころですか?

そうやない。わしは分数の足し算を習った小学生の気持ちを代弁しているんや。先生の授業をしっかり聴いた真面目な小学生の頭の中には、ケーキの絵が浮かんでいる。いままさに、自分が描いた絵や。この絵のどこを見て、分母を15で揃えようなんて発想出てくる？　なのに自分はいきなり通分する数式を書き出した。だから「なんでやねん！」て言いたくなるんや。

いやでも、ケーキの絵で通分を表現しようとしたら、それは不可能じゃないですけど、複雑でごちゃごちゃしちゃいますし、いちいち絵を描いていたら時間がかかりすぎますよ。

それはそのとおりや。べつに、絵を描かずに数式を書き出すのを悪いとは言っとらん。むしろ、**苦労して絵を描かなくても素早く簡単に計算できることこそが、算数や数学の素晴らしいところ**や。

　ただな、ここで戸惑う子は多いってことや。さっきまで具体性の世界で説明しようとしていた先生が、突然抽象性の世界で話をしだすと戸惑ってしまうわけや。**眼に見える具体的なものを離れても、正しい答えを導き出せるのが抽象性の世界**なんやけどな。

分数は、小学校の算数のなかでも抽象性が高い単元なので、具体性の世界から切り替えられず苦手意識を持つ子が増えるということですね。

なんでお前がまとめるねん。それわしが言うべきセリフやろ！

僕もちょっとわかってきたんですよ。速さについても、抽象性が問題なんですか？

せや。自分、「速さ」の単元で算数嫌いがはじまるゆうたやないか。

そうなんです。小学6年生の速さの単元がよくわからなくて算数が嫌いになると、たいていそのまま数学嫌いに突入ですね。トラウマのはじまりというか。

確かに「速さ」の単元は、算数の集大成という一面はあるんですよ。いままで習った四則演算はもちろん、分数小数にkmからmへみたいな単位変換、時計の読みかたとかが複合されていて、どこかに知識の穴があると、非常に苦労します。

かといって、いままでの算数を復習すれば、速さの問題も解けるようになるわけでもないやろ？

はい。そこまでの算数を復習して、たとえ速さの公式を憶えたとしても、ちょっと複雑な文章題だと手が出なくなっちゃうんです。

じゃ、なんで速さの単元で算数に行き詰まっちゃうのか、特に文章題が苦手になっちゃうのか、教えたろか？

——ピタゴラスは勝ち誇った眼で僕を見る。

なんか悔しいですけど、お願いします。

それはな、……それは、お前の教えかたが悪いからや。

いや、そんなオチじゃ話が先に進まないですよ。

まあまあ焦るな。

この問題だったら、小学生にどうやって教える？　いちおう、速さの公式3つは知っているものとするで。

例題

たかし君は時速4kmで、家から12kmはなれた駅に向かって歩きました。駅に着くとすぐに同じ道で帰りましたが、帰りは行きより急いで歩きました。家に帰ると、出発から5時間がたっていました。帰りは時速何kmで歩いたのでしょう？

※ただし、次の公式を使ってよいとする。

速さ	＝	道のり	÷	時間
道のり	＝	速さ	×	時間
時間	＝	道のり	÷	速さ

この問題は、図に描くとわかりやすいですね。

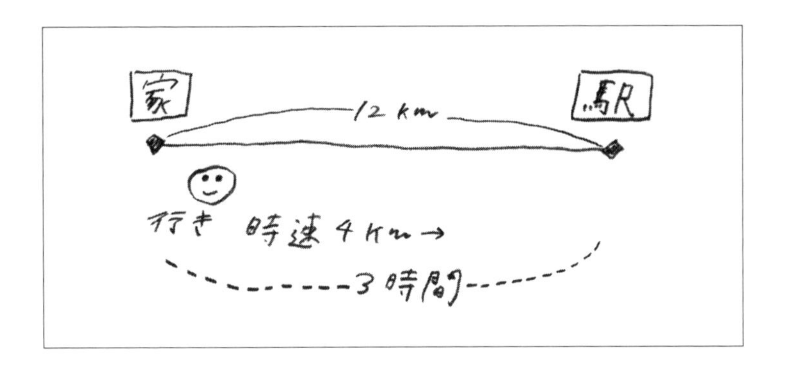

家から駅まで12km、それを時速4kmで歩いたので、行きにかかった時間は12÷4＝3で3時間。

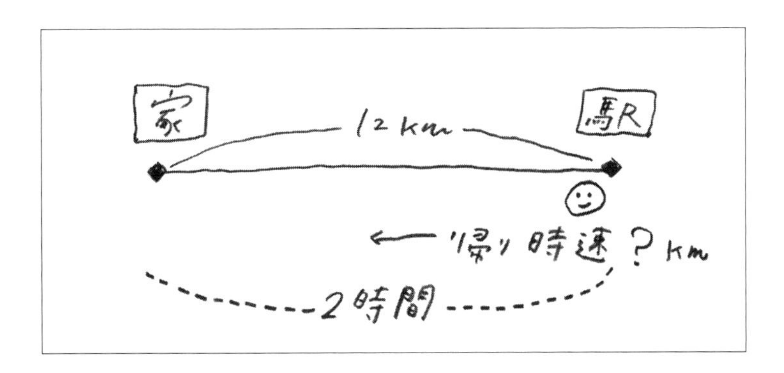

行きと帰りで合計5時間かかっているので、帰りにかかった時間は5－3＝2で2時間。12kmの道のりを2時間で帰ったので、帰りの速さは12÷2＝6で時速6kmになります。

なんでやねん！

え？　僕何か間違えました？

そうやなくて、わしは、なんでやねん？　と聞いたんや。**なんでこの図を書いたんや**と聞いとるんや。

速さの問題は、だいたい図を描くとわかりやすくなりますよ。

だからそうやなくて、なんで自分は、迷わず**家から駅までの12kmを図にしたのか**と聞いとるねん。わしは、素直で賢い小学生の気持ちになって質問しとる。問題文には、「時速4km」とか「5時間」とか、他にも数字があるやないけ？　なんで速さや時間じゃなくて、真っ先に道のりを図にしたんや？

この問題だと、速さや時間を図にしても解きにくいと思いますよ。

だから、なんで道のりを図にしたんや？　なんでその理由を教えてやらん？　算数数学は論理的な学問やなかったのか？

うーん、そう言われればそうなんですけど、問題を解くパターンとして憶えてもらえれば……。

なんで肝心なところで論理から暗記に戻るんや？　いいか、「速さ」の問題でまず道のりを図示するには、明確な理由がある。とても単純で重要な理由や。それは、速さ・時間・道のりのなかで、**道のりがいちばん具体的**やからなんや！

え、そんな単純な理由ですか？

そうや。ええか、速さっていうのは、抽象的な概念や。自分、速さを見たことはあるか？

ええと、自動車のスピードメーターでは見えますね。

その程度やろな。しかし、相手は車の運転をしたことがない小学生やで？　速さっていうのは、基本的に**目に見えない、抽象的な概念**や。新幹線に乗ると時速300kmで走る。新幹線の窓から外を見るとああ、速いなーと感じるやろう。けど一方、飛行機に乗ると時速900km以上でるのやけど、飛行機の窓から外を見ても、新幹線より3倍速いとは感じられんやろう。もちろん、わしの時代にはスピードメーターなんてなかったんやで。速さの概念はすでにあったけどな。

――（やっぱりこのじいさん、紀元前の人間だという設定は崩さないんだ……）

あ？　なんか言いたげやな？

いや！　大丈夫です！　続けてください！

速さ、時間、道のりの三人組のうち、いちばん具体的なもの、目に見えやすいのは道のりや。時間は目に見えないけど、時

間が長いとか短いとか言うやろ？　そういう意味で、時間の抽象度は中くらいや。そして速さがいちばん抽象的になる。

問題を解くときは、単純に、具体的なものから図にすればいい。

まずは道のりや。これでほとんどの問題は解ける。それで上手くいかなかったら次点で時間。小学校レベルやとこれでじゅうぶんやろ。速さを図示して解きやすくなる問題は、小学校レベルだとほとんどないんやないか。**算数も数学も、実は頭で考える必要はあまりない。図にして、目で考えればいい**んや。

でも、概念の本質的な理解をせずに問題が解けるようになっても、意味がないと思いま……

だから、わしは理解するななんて言うとらんで。言いたいことは3つ。

1つ目は、**抽象的な数式操作には、必ずしも深い理解が必要ではない**ということ。分数の足し算にケーキは必ずしも必要ではない。いいとか悪いとかやないで。事実としてや。教科書に載っている数式とは、偉大な数学者たちが一生をかけて証明してくれたものや。完全に理解しようと思ったら、これらの偉大な数学者に並ぶくらいの努力が必要や。そうでないなら、適当なところでありがたく使わせてもらえばええ。

2つ目は、**抽象的な概念を理解するには、具体化が必要**だということ。この速さの問題の場合だと、目に見えるように図示することが具体化や。

3つ目は、何を図示すればいいか困るなら、**単純に具体的なものから図示**すればええ。具体的なものとは、目に見えやすいものや。速さの単元なら道のり、食塩水の濃度の問題やったら食塩やな。初心者は間違っても、速さや濃度そのものを図示しようとしてはあかん。

なるほど。今日の授業で速さと食塩水が出てきたら使ってみます。目に見える、具体的なものから図示して、目で考えればいいんですね！

――つい話し込んでいる間に、夕方の授業の時間が近づいていた。僕は簡単にお礼を言うと、急いでその場をあとにした。しばらくしてから振り返ると、すでにピタゴラスの姿はなかった。おかしいな。視界がひらけたまっすぐの道なのに、いったいどこへ消えてしまったんだろう。

Day 2 愛と現金

とてもかんたんなことだ。
ものごとはね、心で見なくてはよく見えない。
いちばんたいせつなことは、目に見えない。

——『星の王子さま』サン＝テグジュペリ

Lesson ▸ 3

「人は目に見えるものしか理解できへん」

……………………… **プレゼントを贈る理由**

自分、お母さんの誕生日にプレゼントは贈っとるか?

人の顔を見るなり何を唐突に言い出すんですか? それ、数学と関係あるんですか?

関係あるんや! どうもお前は、数学の先生のくせに数学のなんたるかを知らんようでなぁ。

いちいち、イラッとさせる言葉を追加しなくてもいいと思うんですけど……。

で、お母さんにプレゼントは贈っとるんか?

ええ、まあいちおう、母の日と誕生日には何かしらプレゼントをしています。

去年はどんなものをプレゼントしたんや？

え、なんかちょっと照れくさいですけど、母の日はお花で、去年の誕生日は確かスカーフを贈ったと思います。

ほな、なんでお花やスカーフをプレゼントしたんや？

いま言ったじゃないですか。誕生日だからですよ。

誕生日だからプレゼントせなあかんちゅう法律もないやろ？
べつにプレゼント贈らんくてもええわけや。

それはまあ、日頃の感謝の印というか、愛情を伝えるためというか。

それや！

??

自分、お花と感謝の気持ち、どっちが大切や？

もちろん、感謝の気持ちのほうが大切だと思いますよ。

ほな、感謝の気持ちを伝えて、お花はべつに贈らんくてもええやないか。

それはそうなんですけど……

答えを言おか。**感謝や愛情とは、目に見えない抽象的なものや。お花やスカーフは、姿かたちのある具体的なもの**や。そして、**人間は基本的に、具体的で目に見えるものしか理解できない**ようにできとるんや。伝えたいのは感謝の気持ちだけど、伝えるためにはお花にするしかないんやな。

話がちょっと横にそれるんやけど、プレゼントをするのに、現金はイケてないとされるやろ？　なんでかわかるか？　もらったほうは、現金のほうが腐らんし、何にでも使えて便利やんか。

確かに、お母さんの誕生日に現金をプレゼントすることはあまりないですね。

お金っちゅうのはな、身の回りにあるもののなかではかなり抽象的な存在なんや。何にでも交換できるがゆえに、実体がつかみにくい。見たり触ったりしても価値はよくわからない。具体的な存在ではないんやな。千円札の野口英世さんと一万円札の福沢諭吉さんをどんなに見比べても、「福沢諭吉さんは野口英世さんの10倍の価値がある」とは感じれんやろ。

プレゼントは、具体的なもののほうが喜ばれる。現金を贈るよりも、旅行券や食事券のほうがイケてるプレゼントと言われるやろ？　理屈で考えるとおかしいんや。現金なら旅行でも食事でも好きなように使えるんやけど、使いみちが限られた金券のほうがいいプレゼントとされる。

つまり、より具体的で情景や味がイメージできるほうが喜ばれるんやな。抽象的な現金をもらっても、その裏にあるのが愛情や感謝であることは理解しにくい。もしかしたら、この現金の裏にあるのは悪意や詐欺かもしれん。受け取った人が、直感的にちょっと怖さを感じてしまうこともあるから、現金はイケてないプレゼントなんや。

大切なのは抽象的な感謝や愛情ですけど、具体的なプレゼントにしてわかりやすく伝えているのですね。
で、プレゼントの話が数学とどうつながるんですか?

数学も一緒っちゅうことや。**数学において大切なものは、抽象的であり、一般的であり、目に見えんものや。**ただし人間は、**具体的であり、個別的であり、目に見えるものしか理解できんようになっとる。**

英語でも、「わかった!　理解した!」ってとき、「I see!」って言うやろ。例えばイギリス人にとっても、「見える」と「理解できる」は同じ意味なんやな。

え?　それってつまり、**数学の大切な部分は目に見えないから理解できない**ってことですか?

逆や！ 数学を学ぶことによって、目には見えない抽象的な真理がわかるんや。

数学において新しく学ぶこととは、たいていそれまでに学んだことの抽象化、つまり一般化や。例えばわしの定理な。

――ピタゴラスは、また僕のノートに勝手に図を書き出した。

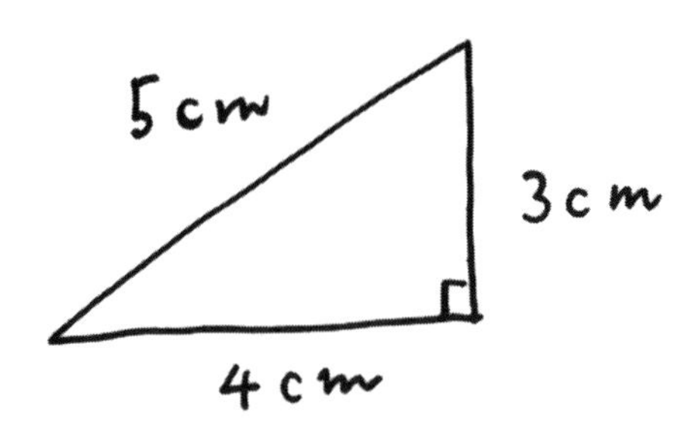

直角三角形は小学校で習うんやけど、辺の長さが3cm、4cm、5cmという直角三角形を見て、「もしやこれは$3^2+4^2=5^2$という関係が成り立つんとちゃう?」と思ったところ……、

ピタゴラス♡の定理

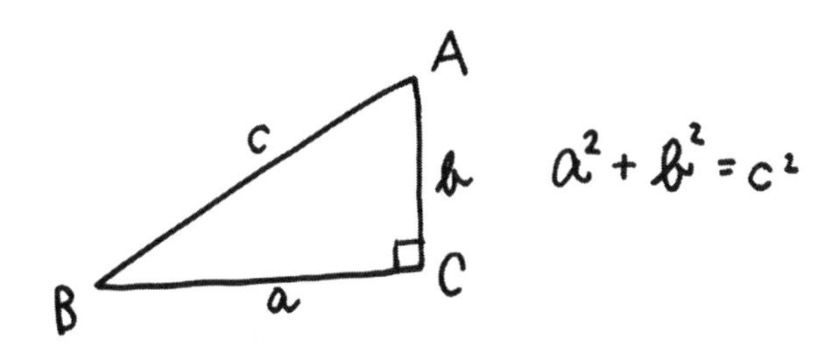

実は**すべての直角三角形において**$a^2+b^2=c^2$という関係が成り立つ。これが中学校で習うわしの定理や。3cm、4cm、5cmというのは、ピタゴラスの定理の具体的な一例だったんや。

そのハートマークは、なんなんですか。

さらに高校になると三角関数を習うんやけど、そこでは余弦定理というものが出てくる。これはピタゴラスの定理の一般化で、実は、**すべての三角形において**$a^2+b^2-2ab\cos\theta=c^2$という関係が成り立つことが証明される。余弦定理の公式に$\theta=90^\circ$を代入すると、そのままピタゴラスの定理の式や。ピタゴラスの定理とは、余弦定理の$\theta=90^\circ$の場合、という一例だったんやな。

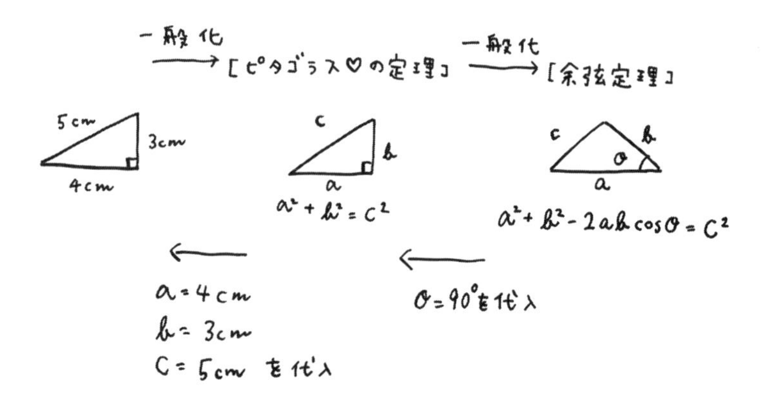

これは高校までの話で、もしかして、この先もっと一般化できるかもしれんで。

余弦定理は「あらゆる三角形」に当てはまる定理やったけど、もしかして「あらゆる四角形」に当てはまる定理や「あらゆる平面図形」に当てはまる定理もあるかもしれん。「あらゆる立体」に一般化できたらすごいなぁ、とか考えるのが数学的な成長やし、まさに数学の歴史や。

——(ハートマークのツッコミは無視か……)

他にも、たいがいはそうやで。小学校で「面積」を習うとき、最初は正方形とか長方形の面積からスタートする。「面積」とは、縦の長さと横の長さを持つ、長方形だけにしかないかのような特殊な概念として習うんやな。

そのうち学年が進むと、長方形だけでなく三角形や台形、円なんかの面積も計算できるようになる。**「面積」とは長方形だけのものではなかった**んや。さらにその先、高校で積分を習うと、どんな変な形をしていても、ほとんどあらゆる図形の面積が計算できることがわかる。

数学の成長とは、抽象度の成長なんやよ。

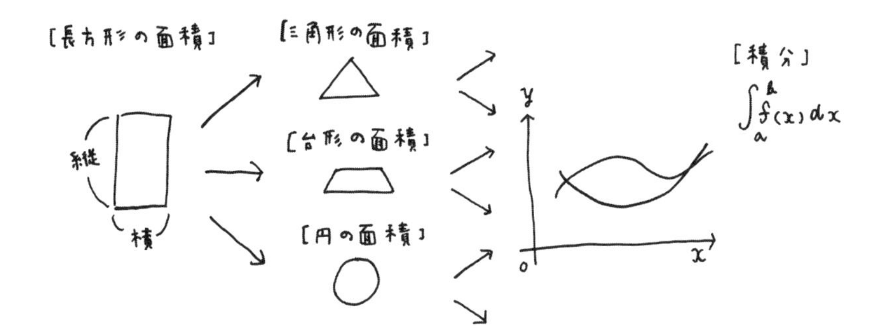

Lesson ▸ 4

「実用的なんは便利やけど、本質からは遠ざかる」

・・・・・・・・・・「確率・統計」が数学好きに不人気な理由

それで、数学が抽象性を向いているというのはわかってきたんですが、結局数学はなんの役に立つんでしょうか？　いや、僕は数学はすごく役に立つと思っているんですけど、生徒にどう言えば伝わるんですか？

そうか～、う～ん……。

――ピタゴラスは何か考えているようだ。

なんでそんなに、数学に実用性を求めるかなぁ。

だって、なんのために勉強するのかわからないと、生徒が興味を持ってくれないじゃないですか！　やっぱり数学は生活の役に立たないって言うんですか!?

自分、最近リコーダー吹いとるか？

え？

最近リコーダー吹いとるか聞いとるんや。

実は僕、最近ギター教室に通ってギターの練習をしてるんですけど……、リコーダーは触ってないです。

小学校でも中学校でも、音楽の時間にあれほど練習したのになぁ。

!!!

わい、学校の勉強のなかでは、数学はじゅうぶん実用的なほうだと思うで。

環太、お前自分で言っとったやないか。数学を使って現代文明を支えている人はたくさんおるって。そういう人たちは国民の1割もおらんかもしれんけど、それでも数%はおるわけや。一方、音楽の時間で練習して、大人になってもリコーダーを吹き続けている人は何%や？　きっと0.1%もおらんやろ。

他の教科だってそうや。ほら、国語の古典の時間に、あれや、あれ、源氏物語とか習うやろ。それなのに、大人になってからも源氏物語を読んで生活に役立てとる人は国民の何%や？　学校の勉強とは、そもそも実用性を向いとらん。数学はまだましなほうや。

そう言うと、ピタゴラスは僕のノートを奪ってめくりだした。

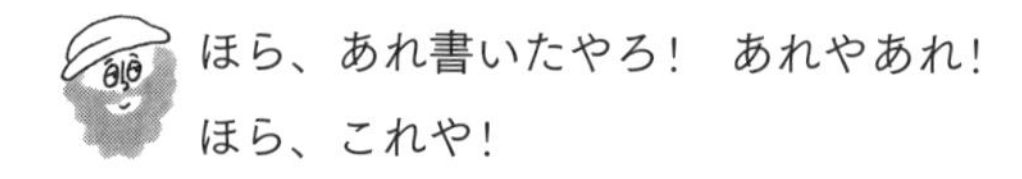

ほら、あれ書いたやろ！　あれやあれ！
ほら、これや！

具体 ⟷ 抽象

個別 ⟷ 一般

五感で捉えられる ⟷ 五感で捉えられない

具体と抽象の性質をまとめたやろ。具体的なものとは、個別的で、五感で捉えられる。抽象的なものとは、一般的で、五感で捉えられない。ここにもう一組付け加えるで。

―― ピタゴラスは、表のいちばん下に「実用」と「本質」と書き足した。

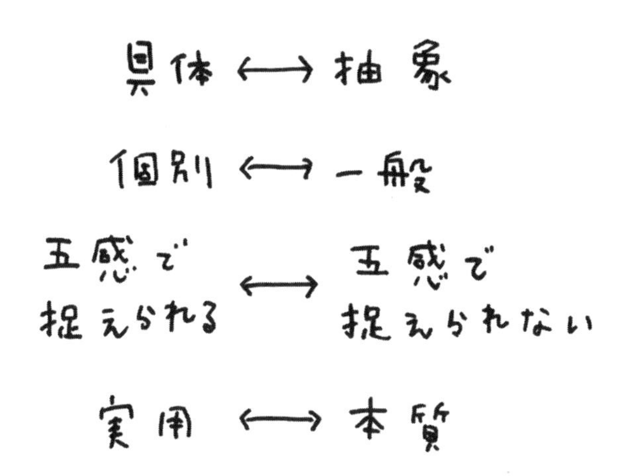

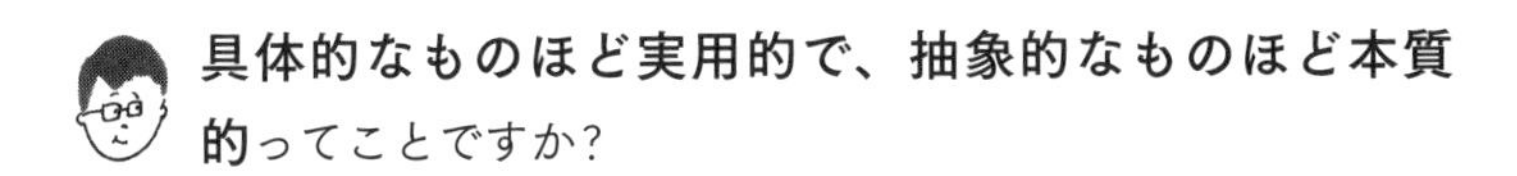

具体的なものほど実用的で、抽象的なものほど本質的ってことですか？

せや。自分、ギターを習っとるゆうたろ？　初心者が「この曲を弾きたい!」と思ったときに、いちばん手っ取り早く弾けるようにするにはどうすればええ？

ええと、とりあえず、CとかAマイナーとかいくつかよく使うコードを憶えて、後は弾きたい曲の譜面どおりに弾けば、簡単な曲なら弾けると思いますよ。

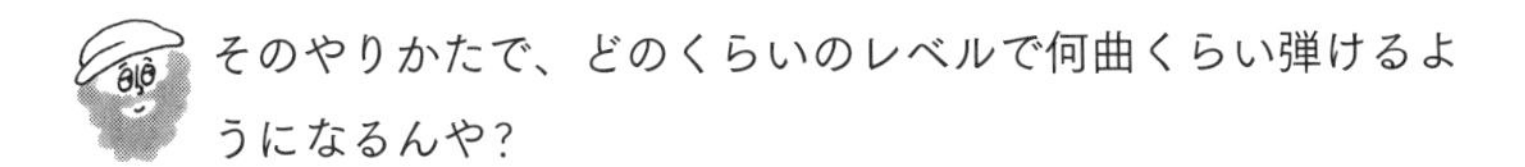

そのやりかたで、どのくらいのレベルで何曲くらい弾けるようになるんや？

正直、こんなやりかたで弾ける曲は少ないでしょうね。しかも、あまり上手くなりませんよ。ちゃんと練習するんだったら、クロマチックで運指練習をしたり、リズムトレーニングをしないと、いろんな曲は弾きこなせません。

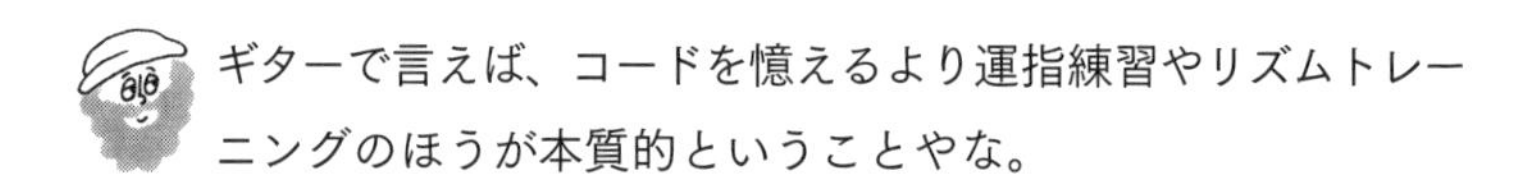

ギターで言えば、コードを憶えるより運指練習やリズムトレーニングのほうが本質的ということやな。

そうです。練習に時間はかかりますけど、本質的な練習をしたほうが、より多くの曲をより深く弾けるようになります。

そのとおりや! **実用的なものとは、いますぐ簡単に役に立つという意味で非常に便利やけど、本質から遠ざかることがある。一方、本質的なものとは、なかなかいますぐ役には立たないけど幅広く奥深く応用が効くもの**なんや。

ちなみに、ギターの先生は、ギターの練習でいちばん大切なものはなんだと言っておる?

僕の先生は、いちばん大切なものは「ギターを楽しむ心だ」と言っていますけど……。

せやろ。本質を追求していくと、さらに抽象的なものになっていく。「ギターを楽しむ心」とか「音楽を愛する心」みたいな感じや。それだけでいますぐギターは上手くならないけど、本当はコードやリズムトレーニングより大切なことや。

実用的なものと本質的なもの、どちらが偉いかって言ってるんやないで。どちらも有用で、必要なものや。ただし、**数学とは基本的に抽象を目指す学問**や。**「実用性」という具体側に向かいすぎると、本来向かいたかった場所を見失って迷子になってしまう。**

――ピタゴラスは、一息ついてから続ける。

数学のなかでいちばん実用的な分野といえば、「確率・統計」分野やろか。三角関数や微積分を日常生活で使っている人は、技術者や科学者といった全人口の数％と言ったけど、「確率・統計」分野に限って言えば、日常的に使っている人はもっとおる。

技術者や科学者でなくても、もっと普通の営業職や事務職の人が、「お客さんの年齢分布はどのようになっているんやろか?」とか「アンケートでサンプル調査しよう」とか考えて統計を使っておる。仕事じゃなくても、年末の宝くじを買うときには確率や期待値を考えとるはずや。もっとも、確率や期待値を考えると、宝くじが馬鹿らしくて買えんくなるけどな。

数学のなかでは「確率・統計」が圧倒的に実用的で、「うちの社員が統計やデータ分析できんのは学校教育のせいや!」て言う社長さんが多いもんやから、指導要領でも強化されてきたやろ。

確かに、高校の数学Bで統計が必修化されますね。他にも、データのばらつきを表す「箱ひげ図」を習うのが、高校から中学校に降りてきたり。

それ自体はべつに悪いことやないで。わしも、中学校からしっかり統計を勉強するのはいいことやと思う。ただな、自分みたいな数学好きから見ると、「確率・統計」ってどうや？　萌えてくるか？

うーん、個人的には、あまり好きな分野ではないかも……。

そうやろやなぁ。**「確率・統計」って、実用的なわりには、なぜか数学者や数学好きには人気ない**んや。社会で役に立つのになぁ。むしろ、他の数学より一段低いものと見る数学者が多い。

例えば、生徒に「役に立つ数学を教えてくれなはれ」と言われて、役に立つ統計を教えてやって、そんでその生徒は数学好きになったか？

……実用的な統計を勉強したから数学好きになる、というパターンは、あまりないと思います。

――確かに、「数学の実用性」と「数学の楽しさ」は、あまり連動しないのかもしれない。

数学が好きな人に限って、あまり実用性を重視しない。数学者たちは、むしろ「実用性や応用など、自分たちの領分ではない」と考えていることが多い。実用や応用に数学を使って喜ぶのは、物理学者や工学者たちだ。スマートフォンが動くのも高層ビルが建つのも数学の理論があるおかげだが、数学者たちは、スマートフォンをつくろうとしたり高層ビルを建てようとはしなかった。数学者たちの発見した数学理論を使って電磁波の性質を解明したのは物理学者たちであるし、物理学者たちの解明した電磁波でスマートフォンを動かしたのは工学者たちである。

僕は、自分が中学2年生のころの数学の授業を思い出していた。「三角形の内角の和は必ず180°になる」という単元だ。

不思議でしょうがなかった。どんなに適当に描いた三角形でも、3つの角度を合計すると、必ず180°になるのだ。ノートに定規でいくつも三角形を描き、分度器で測ってみた。

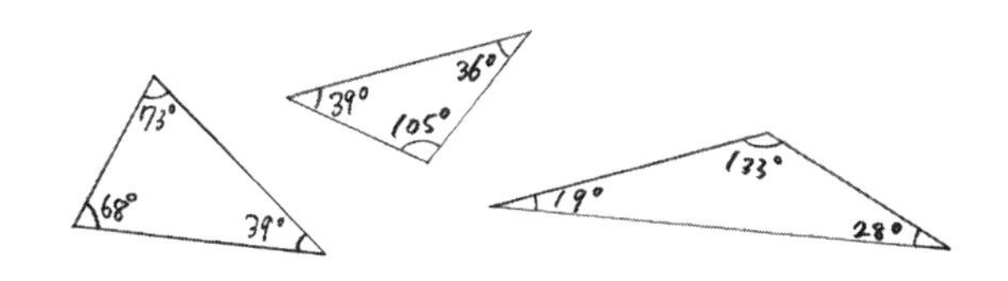

どうしても合計が180°になってしまう。なんとか例外が見つからないか、躍起になって三角形を描いた。それでも、どうしても180°にならない三角形は見つからなかった。授業でその証明が説明されたが、狐に化かされたような気がしなくもない。それでも、いくつ三角形を描いてもどうしても180°になってしまう以上、信じる他ない。

そのときの先生はこう言った。

「不思議だろう。どんな三角形を描いても、内角の和は例外なく180°になるんだ。信じられないかもしれないけど、例外はない。神様がそう創ったんだよ。」

思えば、僕が数学に興味を持ち出したのは、この授業からかもしれない。

本当に、神様か何かが創ったとしか思えない完全性。そして、それは想像の世界ではなく実際にこのノートの上でも成立している。数学は将来役に立つとか、現代文明を発展させたいとか、そんなことを考えていたわけではない。不思議さと完全性に惹かれ、少しでもそれに近づきたいと思ったのだ。

何ボケーッとしとるんや?

――ピタゴラスはまたニヤニヤしている。

いや、ちょっとわかってきましたよ。なぜ僕が数学が好きなのか。数学が何であるか。

――気がつけばそろそろ授業のはじまる時間である。職場に戻らないと。

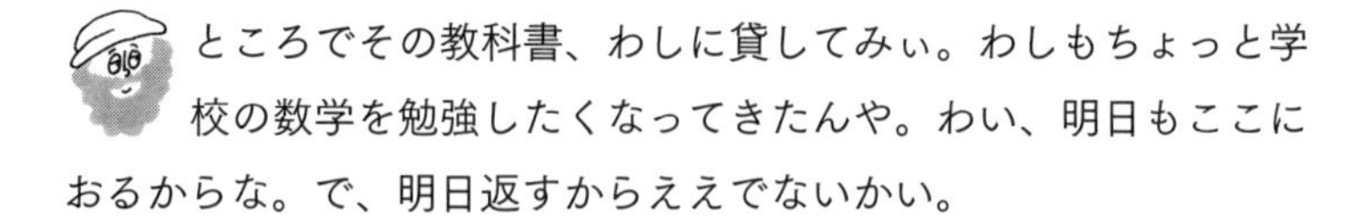
ところでその教科書、わしに貸してみぃ。わしもちょっと学校の数学を勉強したくなってきたんや。わい、明日もここにおるからな。で、明日返すからええでないかい。

え! これいちおう、僕の商売道具なんですけど。

ケツの穴の小さい男やのぉ。ええやないかい。

――ピタゴラスは、また勝手に僕のカバンから中学一年生の教科書を取り出した。ホームレスなのか暇な老人なのかわからない人だが、話は通じるし本当に明日もいるのかもしれない。それより、ここで揉めていると仕事に遅刻してしまう。

それじゃ貸しますけど、明日返してくださいよ！　絶対！　僕はもう授業にいかないといけないんです。

ほなまた明日な～。

――信用がおけるのかおけないのかいまいちわからない気の抜けた返事だったが、僕は公園を後にすることにした。どういう展開になるにしろ、明日が少し楽しみではある。

Day 3

論理と非論理

論理は、所詮、論理への愛である。
生きている人間への愛ではない。

——『斜陽』太宰治

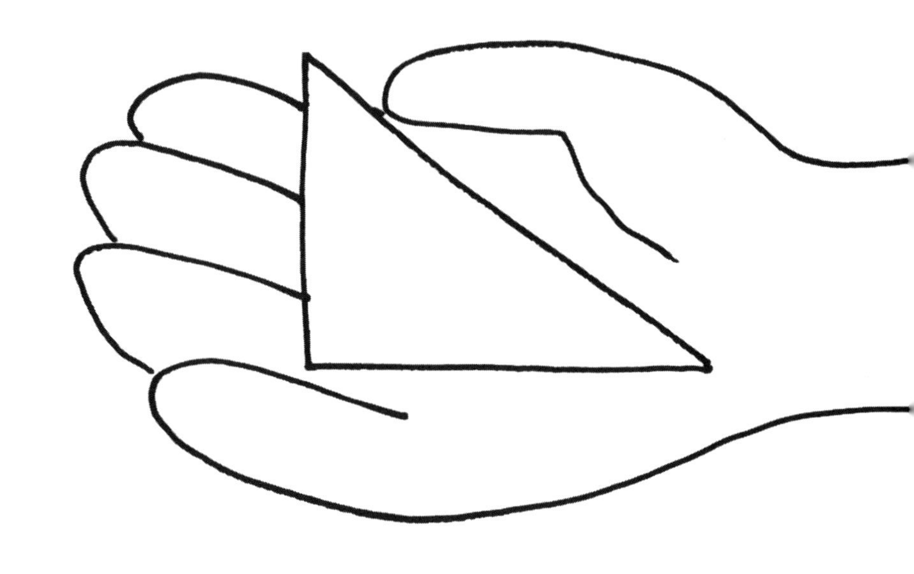

Lesson ▸ 5

「数学の問題文は、非論理的や」

・・・・・・・・・・・・・・・「方程式の利用」という単元名のウソ

ああ――！　こら、あかん！　ほんまあかん！ これはあかんでー。

――ピタゴラスは、ちゃんと今日もいた。素っ頓狂な声をあげたのは、僕に気づいたからだろう。手にした教科書に目を向けてはいるが、かまってほしいんじゃないか？

どうしたんですか？

おお環太、ちょうどいいところに来たな。お前から借りた、この中学校の教科書な、これ読んどったや。

――（いや、話しかけてほしいからわざと大声出したんだろ……）

わしな、自分に協力してやろうと思って、この中1の教科書読んで研究しとったんや。中学生の数学嫌いはどうすれば治るんかな、てな。こう見えて、わし結構いいやつやろ？

……そうですね。

なんや、冷たいなぁ。せっかく、中学生の数学嫌いが進む重大ポイント見つけてやったのになぁ。

——ピタゴラスはニヤついた眼でこちらをみてくる。正直、ちょっと気持ち悪い。

……聞きたいやろ？

……お願いします。

せやろ、せやろな。あかんのはここや。**「方程式の利用」。**

例題

山口さんは780円、高田さんは630円持っていて、2人とも同じ本を買いました。すると、山口さんの残金は高田さんの残金の2倍になりました。
本代はいくらでしょう？

中1で習う、いわゆる一次方程式の応用の単元ですね。確かに、文章題でつまずく生徒は多いんですよ。

せやろ。数学が苦手な子っていうのはな、xとかyとかの記号が特別嫌いなわけではなくて、基本、文章が読めなくて文章題が苦手なんや。そういう意味では、数学が苦手っていうのはウソ

で、みんな国語が苦手なんやな。でも、文章が読めないっていうのは、国語の先生の問題であって数学の話やない。どちらかというと、国語の先生に頑張ってもらいたいことや。

そう思います。

と、いままではわしも思ってたんや。けど、**この単元は本当にあかん！ 逆や！ まったく、完全に真逆の正反対の180度方向転換や！**

そんなに興奮しなくても……。というか、それ結局どっち向きなんですか？

逆や。まったく逆や。ええか、この「方程式の利用」という単元名を中学1年生の気持ちになって素直に見てみい。どんな印象を受ける？

ええと、これまで習ってきた方程式を使って、身近な問題の解決に役立てようということですよね。

せやろ。中学校に入学してから数ヶ月、xとかyの抽象的な文字操作を練習してきて、ようやく**具体的な**身近な問題に応用できる！ と期待に胸膨らますんや。ところがこの問題や！

???

ええか、身近な生活のなかで、実際にこんなシチュエーションが起こると思うか？

山口さんと高田さんは、本を買う前には互いの所持金を確認するような慎重な二人やで。なのに、いざ本を買うときはその代金を確認せんのや。さらには、互いの残金がわからないのに、山口さんは高田さんの2倍だとはわかっておる。こんなことロジカルに起こり得るか？　どうやったら互いの残金がわからないまま計算できるんや？

自分、数学は論理的思考力や問題解決力を育てると言ったやないか。なのに**数学の問題文はこんなに非論理的**や。

社会に出て、これが仕事だったとしよう。なんで本の値段を確認せずにお使いに行く？　もし所持金780円で、本の値段が1500円だったらどうする気や？

社会で使う問題解決力とは、「事前に本の値段を調べておく」とか、「目的の本が買える十分な資金を用意する」とか、「もし予算オーバーだったらもっと安い本を探してなんとか要件を満たす」とか、そういう能力のことやろ？

数学の問題が論理的でもなければ問題解決にもつながらん。むしろ問題解決が遠のく。これじゃ、数学が実社会で役に立たない証明にしかならん!

うーん、そんなこと言われても、この問題はこうであるとしか……。

あ、でもわしはべつに**数学の問題が悪いとは言っとらん**ぞ。

――ピタゴラスは、教科書の端を指差した。

悪いのは「方程式の利用」という単元名や。

単元名?

せや。この単元名は誤解を招く。まるで、数学によって身近で具体的な問題が解決できるかのような印象を与え、そして生徒を裏切る。本当は反対なんや。「**方程式への抽象化**」というのがより正確な単元名や。

方程式への抽象化? それ、余計わかりにくくなってません?

わかりにくくてもウソよりましやろ? いまのままじゃ、教科書はウソや。そのうち、誰も数学を信じなくなるで。数学への不信感から、数学嫌いのでき上がりや。

「方程式への抽象化」が何を指すかと言うとな、自分、とりあえずさっきの問題を解いてみい。数学が苦手な中学生にもわかるように、丁寧にな。

まずは図示してみい。問題文を絵にするんや。下手でもなんでもいいからな。いいか、**必ず自分で絵に描く**んやで!

※必ず自分で描くんやで!

ええっと、問題文を絵をにすると、こんな感じですかね。

これでいいですか?

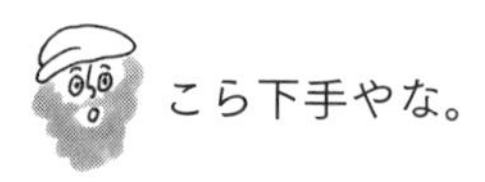
こら下手やな。

ついさっき、下手でもいいって言ったじゃないですか……。

せやな。ま、上手でも下手でもどっちでもええ。そして、べつに正解はないで。ただ、絵が描けたのなら、それは問題文を読んで理解できたっちゅうことや。

反対に**もし描けなかったら、それは問題文が理解できなかった**ちゅうことや。

数学の話やない。国語と図工の話やな。みんな数学の文章題が苦手言うけどな、国語と図工が苦手なだけや。問題文を理解できんのを、数学のせいにしとる。そして、これから先が本当の数学や。ここは方程式の単元やったな。

環太先生、方程式とはなんぞや？

中学1年生の時点では、という但し書きがつきますけど、**方程式とは、未知数xを含む等式のこと**です。

そのとおりや！　細かいこと言うと、未知数はxでもyでも三角でも四角でも武田信玄マークでもいいし、高校になると、方程式の他に恒等式っちゅう等式もでてくるんやけど、中学1年生の時点では「未知数xを含む等式」というのが方程式の定義でありすべてであると言っていい。

ていうか武田信玄マークってなんですか？

細かいこと気にするな言うとるやろ！

——（じゃあ言わなくてもいいのに……）

この単元が求めているのは、**日本語で書かれた問題文を、方程式、すなわち「未知数xを含む等式」で表しましょう**、ちゅうことなんや。それ以上でもそれ以下でもない。まず、未知数xとは、この問題だと何が適切や？

まあ、問題文に本代はいくらでしょう？　とあるので、本をx円と置くのがいいです。

せやな。そう決めたら、自分の描いた絵で、本の代わりにx円と書くんや。必ず自分で書くんやで！

※必ず自分で描くんやで！

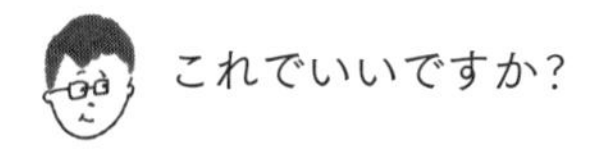

これでいいですか？

次に、「等式」や。どうも、中学生にはここが伝わっとらんらしい。みんな、方程式というと「x」ばかりに注目して、「等式」を忘れてしまう。

「方程式」を英語にすると「equation」。まんま「等式」や。肝心な部分が伝わっとらんのは、自分ら数学教師のせいやで。方程式とは、未知数xを含む等式のこと。言い換えれば、「x」と「＝（イコール）」さえあれば方程式や。

方程式を書きなさいと言われたら、真っ先に、紙のど真ん中にまず「＝（イコール）」を書くんや。数学が苦手な子は、どうも左端から順番に数式を書こうとするんやな。はっきり言って、左端から順番に等式を書くのって、難しいで。

とりあえず、ど真ん中に「＝（イコール）」を書きました。

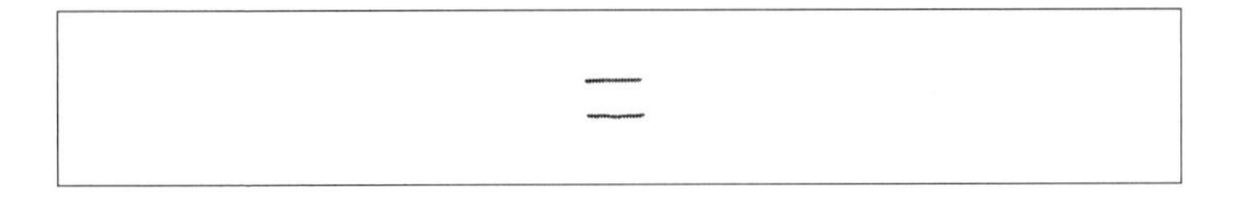

等式ゆうからには、何かと何かが等しいちゅうわけや。自分で描いた絵を見て考えると、何と何が等しくなる？

パッと見だと、二人の持っている本代が等しいので、こうですかね。

$$x = x$$

それが自然やろな。ただ、これだと流石に先に進まなそうやから、他の候補をさがしてみぃ。絵を見ながらな。

そうすると、ここですね。

山口さんの残金 ＝ 高田さんの残金の2倍

そう、これで「等式」が見つかったわけや。あとは、この等式を未知数xを使って表せばえぇわけやな。

こうですね。

山口さんの残金 ＝ 高田さんの残金の2倍

780円－x円＝(630円－x円)×2倍

$780-x=2(630-x)$

せや、これでついに問題文が、方程式という数式で表されたわけや。

でてきた数式を見てみぃ。$780-x=2(630-x)$ という式を見ていても、山口さんの顔も高田さんの顔も思い浮かばんやろ？　ある意味非常にわかりにくい。

その代わり、本を買うのは水谷さんでも鈴木さんでもよくなった。買うのが本じゃなくても、鍋でもやかんでもよくなった。**より具**

体的であった問題文が、一般化された、数式に抽象化されたちゅうことや。

数式化するということは、抽象化するということなんですね。

せや。これが、単元名が間違っとるといった理由や。**この単元では、問題文を見たら方程式に抽象化**せなあかん。

方程式を日常生活で利用しようとか、数学を現実社会で役に立てようとかいう単元ではないんや。ここ間違えたらあかんで。昨日ゆうたやろ。「実用」とは具体化する方向であって、抽象化とは方向が反対なんや。

——ピタゴラスは少し空のほうを向き、そしてまた僕の眼を見てこう続けた。

もう一つ、この際や。**数学は必ずしも論理的やない。**ということも言っておこう。

そんなことはないですよ！　数学はすべて論理的に証明されています！

ええか、この方程式の問題を論理的に考えよう。方程式とは、未知数を含む等式のことや。問題文から未知数を見つけ、等式で表現すればええ。この問題で未知の数はどこにある？　もう一回しっかりと問題文を読んでみぃ。

例題

山口さんは780円、高田さんは630円持っていて、2人とも同じ本を買いました。すると、山口さんの残金は高田さんの残金の2倍になりました。
本代はいくらでしょう？

だから本代x円と、と……。

——僕はハッとした。

見つかったやろ？

山口さんの残金と、高田さんの残金も未知の数です……。

せや。この問題文を素直に読むと、どうしても未知数が3つある。本代と、山口さんの残金と、高田さんの残金の3つや。方程式の定義に則り、論理的に式を立てるとこうなると思うで。

本代＝x円
山口さんの残金＝y円
高田さんの残金＝z円　とすると

$$y = 780 - x$$
$$z = 630 - x$$
$$y = z \times 2$$

もちろん、この立式はこれでまったく正しい。そして、簡単に解ける連立方程式や。けどな……。

けど……連立方程式を習うのは中学2年生です。さらに、中学校で習う連立方程式は文字がxとyの2つだけで、未知数がxyzの3つになる連立方程式は高校レベルになります。

わかったやろ？　**しっかり論理的に考えれば考えるほど、中学1年生には解けん問題になる**んや。いくら数学は論理的てゆうても、説得力ないで。むしろ、論理的に考えようとした中学生を裏切ってしまうんや。ほな次は、「論理性」についてちょっと話そうか。

Lesson ▸ 6

「理屈っぽいヤツは嫌われるやろ」

……………………………論理性の罠

だいたい自分らな、**論理性の「使い所」**を間違えとるんよ。

でも、数学は論理的な学問ですよ。

だから、その論理の**「使い所」**や！　数学において論理性ちゅうのは重要な一部ではあるけれど、論理性だけで数学が進歩してきたと思ったら大間違いや。例えばな、この、わいの定理あるやろ。

——ピタゴラスはそう言うと、例の直角三角形を書き出した。

ピタゴラス♡の定理

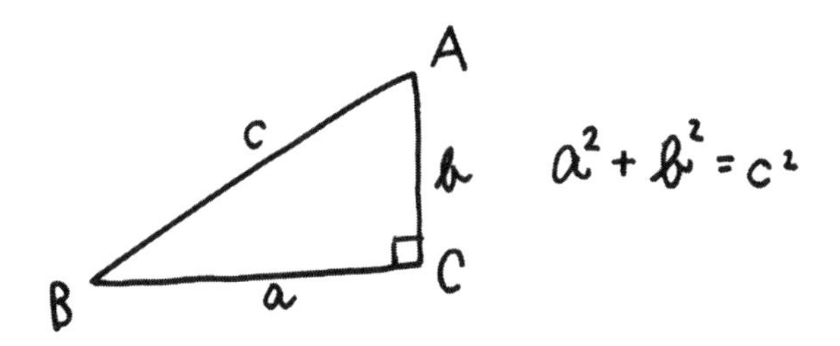

だから、ハートマークいらなくないですか？

ほら、このわしの偉大な大発見やけど、論理的に証明してくれんか？

――（またツッコミは無視か……）

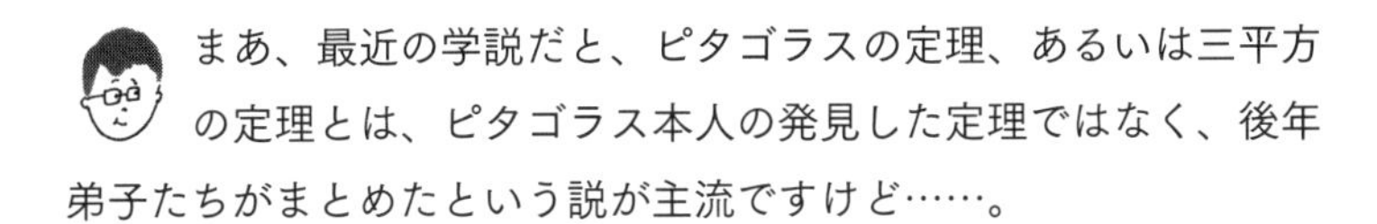

まあ、最近の学説だと、ピタゴラスの定理、あるいは三平方の定理とは、ピタゴラス本人の発見した定理ではなく、後年弟子たちがまとめたという説が主流ですけど……。

――ピタゴラスは、聞いていないフリをしている。

中学校の教科書では、こんな感じの証明ですかね。

僕は、大きな正方形の中に小さな正方形を重ねた図を描いた。

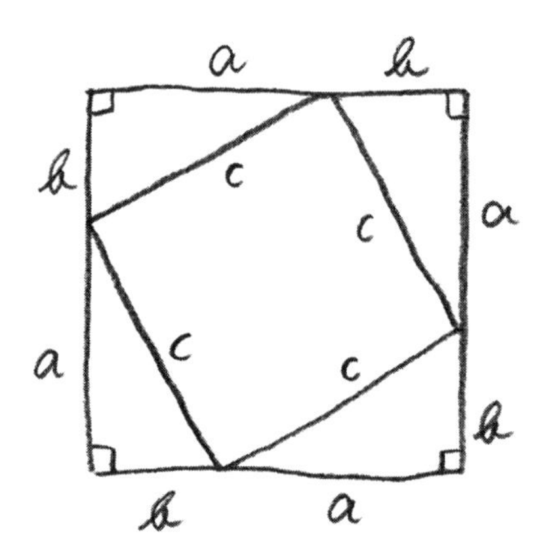

大きな正方形の面積をSとして、2通りの表しかたをします。
まずは、1辺が（$a+b$）の正方形であるので、

$$S=(a+b)^2$$

次に、小さな正方形と直角三角形４つの合計でもあるので

$$S=\underbrace{c^2}_{\text{小さな正方形}}+\underbrace{a\times b\times \frac{1}{2}}_{\text{直角三角形}}\times 4$$

これら2通りの表しかたをした面積Sは同じものなので、等号で結べます。

$$(a+b)^2 = c^2 + a \times b \times \frac{1}{2} \times 4$$

展開して計算すると

$$a^2 + 2ab + b^2 = c^2 + 2ab$$
$$a^2 + b^2 = c^2$$

これで証明ができました。

ふーん。そうか。でもわし、そんなふうには考えなんだけどなぁ。

証明の仕方は、他にもいろいろあると思いますよ。世の中には「ピタゴラスの定理の証明を100個集めた本」なんてのもありますし。そのなかで、中学生にわかりやすいと思われる証明方法を選んでいるだけです。

そういうことやなくてな。自分、さっき言ったやないか。ピタゴラスの定理をまとめたのはピタゴラス本人やなくて、その弟子たちやって。**それ、本当やで。**

え！　認めちゃうんですか!??

わしは、直角三角形眺めとっただけやで。3cm、4cm、5cmの直角三角形を見て。あ、長さの単位はわかりやすく合わせてあげてるんやで。当時はディジットとか使っとったな。

――（この人、ときどき、古代ギリシア生まれという設定を使ってくるな……）

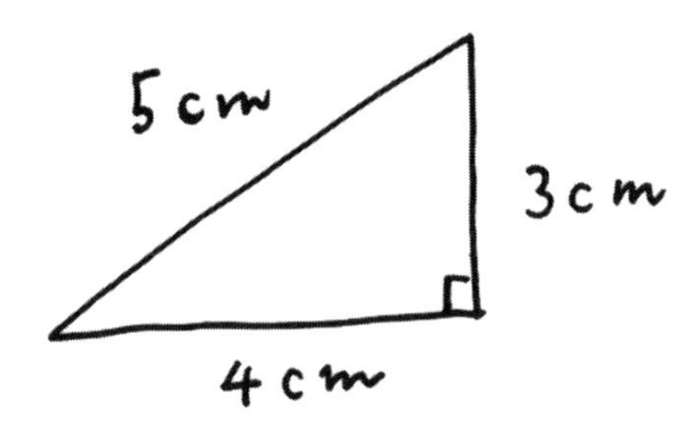

この直角三角形は3cm、4cm、5cmピッタリなんや。きれいやな。不思議やな。そう思ってたら、ビビッとひらめいたわけや。

もしかして、$3^2+4^2=5^2$ちゃうの???　9＋16＝25ピッタリやんか!!!

え、ただのカンですか？

最初はな。最初はヒラメキでありただの予想や。しかし後に、論理的に証明されとる。

わしの定理でいうと、ピタゴラス学派の弟子をはじめ、ユークリッド君だとか、中学校の教科書を書いた人だとかが、何百人もが、何百通りもの証明を論理的に行ったわけや。で、この流れはわしの定理だけやない。**数学史上、ほとんどの定理は、予想されてから証明されてきた。**

もしかしてこうじゃないの？　と予想して、その後論理的に証明されるわけや。予想した本人が証明することもあるし、予想した本人は証明できずに、死後何百年もたってから証明されることもある。

何が言いたいかっちゅうとな、**数学において論理性とは、いちばん最後の止めに使うもんなんや**。重要なものではあるが、決して、最初から振りかざすもんやない。生徒に「論理的に考えなさい」なんて言っちゃあかん。余計混乱するだけや。

理屈っぽいやつって嫌われるやろ。あれも同じや。

論理性というのは、強力であるがゆえに、相手の逃げ道を奪うんやな。最初から論理で説明されると、逃げ道がなくなって反抗するしかなくなってしまう。そうやなくて、論理性というのは相手が「もしかしてそうかもしれんなぁ」と思いはじめてから、最後のトドメに使うんや！　その人が先に進みたいけど迷っているときに使えば、不安や迷いを消し飛ばしてあげることができる。そうすれば「理屈っぽい嫌われ者」から一転、「説得力があって頼りになるやつ」に早変わりや。

「論理性」は使い所なんよ。あくまで最後のひと押しや。

——子どもの頃、母に言われたことを思い出しながら、その夜は眠りについた。

「環太は正義感の強いやさしい子だけど、ものの言いかたには気をつけなさいね。人の気持ちは正しさだけでは動かないんだよ。その人のことを思って正しいことを言っても、うまくいかないということは本当によくあるから」

当時はピンとこなかったが、時折その言葉が心によみがえってくることがあった。困っている友人に、データをそろえて具体的なアドバイスをしたけど、ムッとされてしまう。そういうところが、確かに僕にはあった。頭の回転が速くて弁の立つ知人は、一目は置かれているけれど、あまり人から愛されない。最近よく聞かれるようになった「論破」という言葉には、なんだかモヤモヤしてしまう。見事な論理展開であっても、そこにはやさしさが足りないような気がして。

Day
4
本質と理解

先を見通して点と点を
つなぎあわせることなどできない。
できるのは、後から振り返って
つなぎ合わせることだけだ。

——スティーブ・ジョブズ

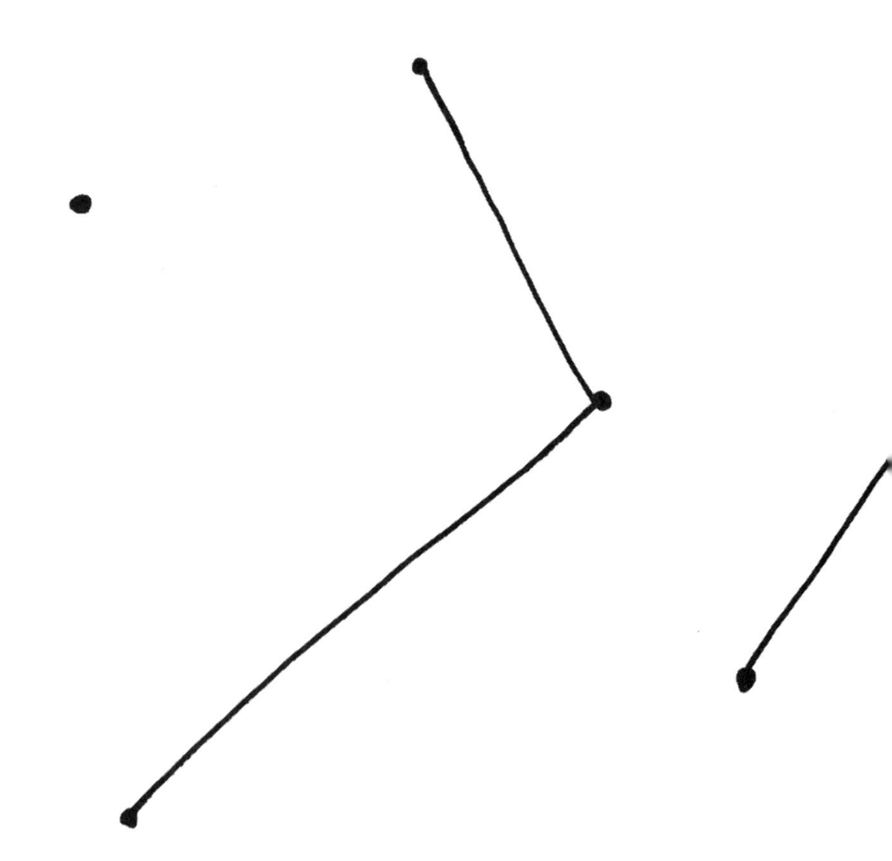

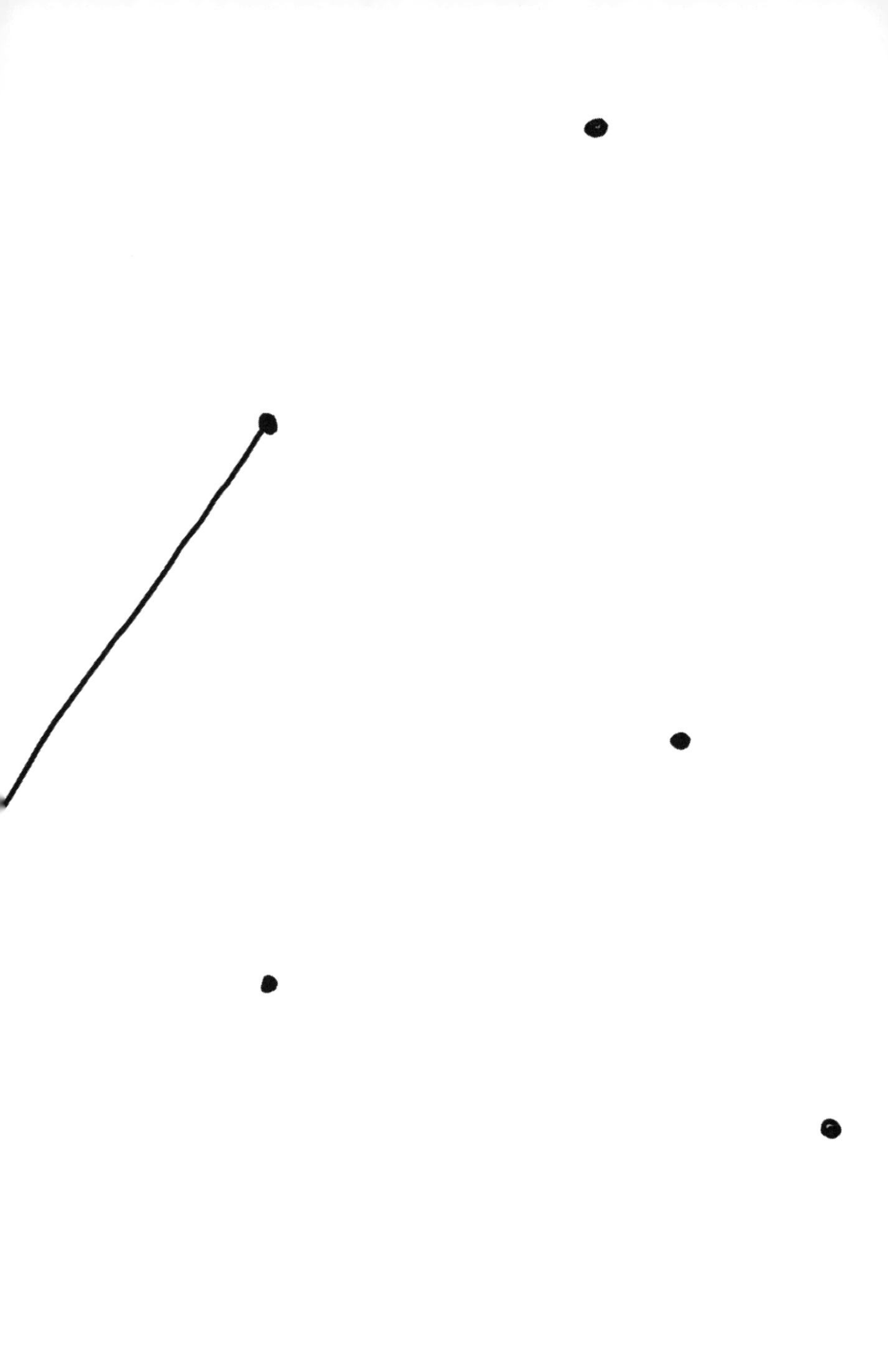

Lesson ▸ 7

「中学校までの数学に、論理性はいらん」

……………………**論理的な証明は、たった1つ**

この際、はっきり言おか。**少なくとも中学校までの数学において、論理性はまったく不要**や。

そんな！

——論理ばかりが大事なわけではない。そのことは昨日、よくわかった。しかし、数学に論理性が必要ないと言われても、やはり、にわかには信じがたかった。

だいたいな、人類で最初に論理性について語り、整理したのはアリストテレス君だと言われておる。有名なのは三段論法やな。いちおう、説明するで。

前提その1として、「人間は必ず死ぬ」というのがあるとしよう。前提その2として、「ソクラテスは人間である」というのもあるとしよう。この2つの前提から論理的に導き出される結論は、「ソクラテスは必ず死ぬ」ちゅうことや。AならばB（ソクラテスは人間である）、BならばC（人間は死ぬ）、それならば、AならばC（ソクラテスは死ぬ）という論法やな。

もちろん、この論法は論理的に必ず正しい。そして、このような論理学は数学的に整理されていき、洗練されていき、学校でも教えられているのはそのとおりや。集合、命題と証明、背理法なんかやな。論理学が数学を支えているのはべつに否定しとらん。

でも、アリストテレス君て、わいより200歳ぐらい年下やで！　ほんなら、アリストテレス君より前のわしらって、数学しても数学しとらんかったのか？

それはちょっと極端な言いかたじゃないですかね。論理学として整理したのはアリストテレスが初めてかもしれませんけど、それまでもそれなりに論理的な証明は行われてきたわけですし……。

せやから、わしは数学において論理が重要なのは否定しとらん。ただ、**この国の数学のカリキュラムを見る限り、論理性はまったく重要視されていない**。中学校まではな。

そんなことないですよ！　確かに、論理学の分野を扱うのは高校からです。集合とか、命題とか、背理法とか、直接的な論理学分野は高校数学で初めて出てきます。けれど、小学校や中学校で習う数学も、論理的な証明で導き出されていることです！

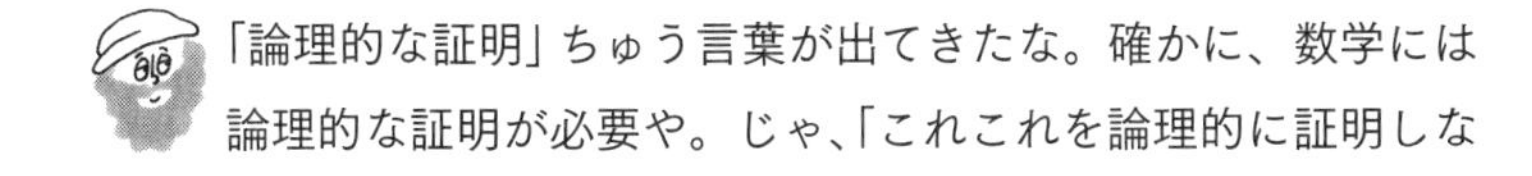

「論理的な証明」ちゅう言葉が出てきたな。確かに、数学には論理的な証明が必要や。じゃ、「これこれを論理的に証明しな

さい」ちゅう問題は、中学校だと何がある？

えっと、……図形の分野で、「三角形の合同を証明しなさい」という問題がありますね。中学2年生かな。

他には？

他には……中学3年生で「三角形の相似を証明しなさい」という問題があります。

ほとんど同じやな。他には？

えっと、他には、他には……。

——僕はハッとした。

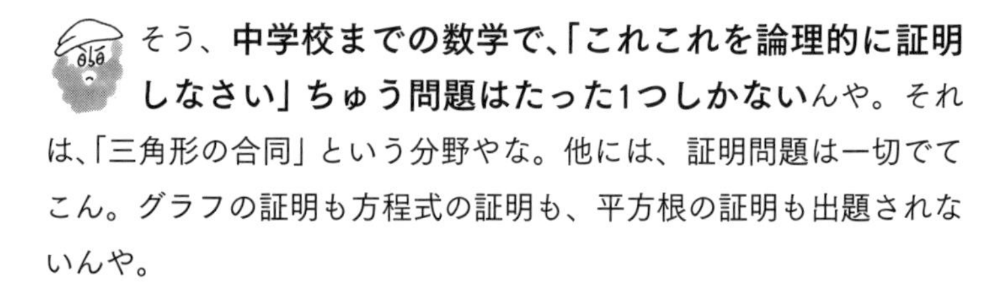
そう、**中学校までの数学で、「これこれを論理的に証明しなさい」ちゅう問題はたった1つしかない**んや。それは、「三角形の合同」という分野やな。他には、証明問題は一切でてこん。グラフの証明も方程式の証明も、平方根の証明も出題されないんや。

数学で論理性が重視されているとはまったく感じられんやろ。しかも、その数少ない論理的な証明問題は、テンプレートで回答できるようになっとる。三角形の合同の場合、これや。

［三角形の合同の証明のテンプレート3つ］

三角形ABCと三角形XYZの合同を証明する。

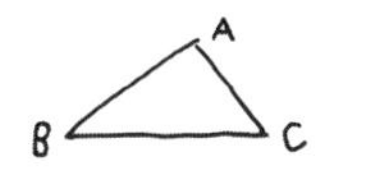

テンプレートその1

辺AB＝辺XY …①

辺BC＝辺YZ …②

辺CA＝辺ZX …③

①、②、③より3組の辺がそれぞれ等しいので、

三角形ABC≡三角形XYZ

テンプレートその②

辺AB＝辺XY …①

辺BC＝辺YZ …②

角B　＝角Y　…③

①、②、③より2組の辺とその間の角が等しいので、

三角形ABC≡三角形XYZ

テンプレートその③

辺AB＝辺XY …①

角A　＝角X　…②

角B　＝角Y　…③

①、②、③より1組の辺とその両端の角が等しいので、

三角形ABC≡三角形XYZ

中学校で出てくる証明問題は、必ずこの3つのテンプレートのどれかで回答できるようになっとる。例題で使ってみよか。

例題

図で、AB＝DC、AC＝DBのとき、三角形ABCと三角形DCBが合同であることを証明しなさい。

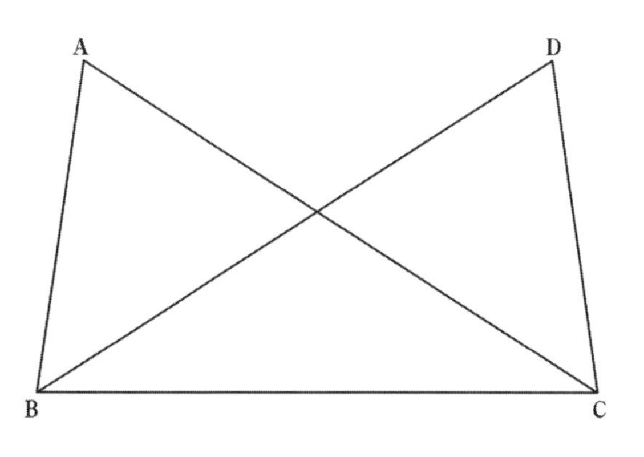

この問題の場合はテンプレート1が使えるな。

問題文より、
辺AB＝辺DC…①
辺AC＝辺DB…②
辺BCは共通なので、
辺BC＝辺CB…③
①、②、③より3組の辺が等しいので、
三角形ABC≡三角形DCB

「証明問題はテンプレートを使え」と、わしだけが言っとるわけやないで。ほとんどの中学校の数学の先生が、多少の流派の違いはあれどこのようなテンプレートで指導しとるはずや。自分も含めてな。そうやろ？　**中学校の3年間で唯一出てくる証明問題は、論理じゃなくてテンプレートで解ける**ようになっとるんや。「数学の時間で論理性を教えている」って言っても、説得力ないのぉ。

——僕は思わず反論したくなった。

いや、確かにテンプレートや解法を暗記したほうが手っ取り早い問題は多いですよ。でも、そんな暗記数学じゃ数学の本質的な理解につながらないじゃないですか！

Lesson ▸ 8

「じゃ、本質がわからんかったら、どうすればええねん？」

……………………暗記派と理解派の不毛な対立

数学の公式を憶えて。問題を憶えて。攻略法を憶えて。そんな暗記数学じゃ、数学のテストで点を取れても、数学を本質的に理解することはできません！　数学を使うことも、数学の楽しさをわかることもできないんです！

数学は暗記科目なんかじゃありません！

なんや、やけに興奮しとるな。

僕は、数学が暗記科目だなんて言う人たちが許せないんです！

わしはべつに、数学が暗記科目だなんてゆうとらんけどな。じゃ逆に自分に聞くんやけど、数学が暗記科目じゃなかった

ら、どんな科目や？

数学とは、論理的思考であり、本質の理解であり、生きる力です！

だから、**数学の問題は論理的に考えても解けないようになっている**とゆうとるやろ。

だいたいやな、**数学の教科書に載っている定理や結論は全部、天才たちが一生をかけて導き出したもの**や。わいの定理やて、多分な、紀元前1800年ぐらいのバビロニア人もうすうす気づいてたんや。粘土板にそれっぽい数字が書いてあるからな。わいより1000年以上昔の人たちや。それを証明したのが、わいや、わいの弟子たち。人類が「もしかして$a^2+b^2=c^2$なんやないかなぁー」と思いついてから、きれいに証明されるまで1000年以上かかっとるんや。それを中学校の50分間の授業で教えてもらえるんやから、ありがたく結果だけ憶えて使えばええんとちゃう？

イチから考えて証明しようと思ったら、1000年以上かかるちゅうことやで。数学の本質が暗記じゃないとしても、暗記して学校のテストでいい点をとったり受験が楽になるんやったら、べつにそれはそんでええんやないか？

それでも、本質の理解は大切です！　数学において、暗記に頼るのは悪影響が大きすぎます！

ほな、もうちょっと議論を整理しよか。世の中には、「数学は暗記で攻略できる」と主張する一派がいる。正確には、このなかにも何種類かの派閥があるんやけど、共通するのは「暗記を使って数学の問題が解けるのだから、それでいいやないか」という思想やな。こんでええか?

はい。そうですね。

さて、話がちょっとややこしくなる理由は、この一派のなかでも「何を」暗記しろと言っているのかが少しずつ違うことや。世の中的に、数学で暗記するものと言えば、まずは「公式」やろか。**「公式を暗記すれば数学は攻略できる」という意見**に対しては、自分はどう返す?

公式を暗記して点が取れるのは、学校の定期テストまでですね。公式を暗記したところで、応用力がまったく身につかない。受験数学には完全に力不足です。学校のテストでも、ちょっと応用問題になると解けなくなってしまうので、「公式の丸暗記」というのはせいぜい60点止まりの攻略法でしょう。テストの点数を30点から60点に手っ取り早く上げたいというなら、使えなくはないかもしれません。でも、受験には役に立たないし、上の学年に進んだときにも困ると思いますよ。基礎を理解できていないまま先に進んでしまうということなので。

僕も、本当に数学が苦手な生徒には、とりあえず公式の暗記を勧めることがあります。0点よりは、多少でも正解できたほうが数学が楽しくなるとは思うので。でも、それから先には役に立ちません。

むしろ悪影響です。

なるほど。第一の意見として学校のテストを30点から60点に上げるだけなら、公式の丸暗記勉強法は有効。しかし、それ以上の効果はないというわけやな。次に、2つ目の暗記派として、**「出題パターンと、それに対する解答方法を暗記すれば良い」と言う一派**もおるな。

非常に危険ですね。例えば、このような問題があったとしましょう。

例題1

リンゴが12個あるとき、4人に同じ数ずつ分けると一人何個になるでしょう？

例題2

リンゴを12個ずつ、4人に分けると全部で何個になるでしょう？

当然、例題1は「12÷3＝4」という割り算の問題で、例題2は「12×4＝48」というかけ算の問題です。でも、問題のぱっと見た目は非常に似ています。掛け算や割り算の本質を理解せずに出題パターンで憶えてしまうと、例題2も「12÷3＝4」だと答えてしまいかねません。

それも含めて、この場合は2パターンの出題だとして暗記するのはどうやろ？　ここまでくると、出題パターンを暗記しろというより、「**暗記するぐらい問題演習を繰り返せ**」という主張に近くなってくるな。

それじゃ、暗記すべきパターンが膨大になりすぎますよ。一つの数式でいろんな応用が効くのが数学の醍醐味なのに、たくさんのパターンを憶えないといけないなんて！　暗記よりも本質の理解が大切です。

せやせや。「一つの数式でいろんな応用が効くのが数学の醍醐味」っていうの、わいも大賛成やで。数式として抽象化、一般化されたからこそ様々なケースに適用できるんや。本質の理解が大事なのはまったく同意するんやけど、問題は「**じゃ、本質が理解できなかったらどうすればええねん？**」てことや。生徒たちはみんな、できれば本質を理解したいと思っとるやろ？　でも理解できないから困っとるんやんか。

そこはやっぱり上手に教えるしか……。

数学の先生たちも、みんな口を揃えて「数学の本質を教えたい」ゆうとるやんか。それでも、上手く教えられんから困っとるんやろ？　生徒が数学の本質を理解してくれんかったら、どうすればええねん？

えーと、問題数をこなして体で身につけるっていうのも一つの手だと思います……。

それじゃ「暗記するぐらい問題演習を繰り返せ」て言うとる暗記数学派と同じやないけ!!

Lesson ▸ 9

「問題がわからんときは、具体化したらええんやで」

・・・人間は、抽象的なことを永遠に理解できないのか？

だいたいな、数学は常に抽象に向かっとるんや。そして、人間は具体的なものしか理解できんようになっとる。本質の追究も、抽象方向に向かう活動やろ。ということは、**「本質を理解する」なんて基本的に無理**な話なんや。

そんな！　そんなこと言ったら、「数学なんて理解不可能」ってことになっちゃうじゃないですか！

だいたい正しいやろ。学年が進むほど、数学が嫌いな生徒や数学の苦手な人は、どんどん増えていく。そういう自分だって、大学の数学科がやっとる数学は抽象的すぎてよくわからんやろ？ **抽象に向かうほど、理解は難しくなり、理解できる人は少なくなっていく。**

じゃあ、どうすればいいんですか？　難しい数学を理解できる人は少ないし、理解できない人はあきらめろって言うんですか!?

抽象的なものを抽象的なまま理解するのは難しい。これはどうしようもない真理や。けど、対策は簡単やで。

え!???

抽象的なものを抽象的なまま理解するのは難しい。逆に言えば、**理解するためには、具体化すればいい**んや。

???

言ったやろ。数学で出てくるものとは、基本的に前に出てきた何かの抽象化、一般化されたものや。例えば三角形な。

——ピタゴラスは、(また勝手に)僕のノートに書き出した。

《中学校》　《数学Ⅰ》　《数学Ⅱ》

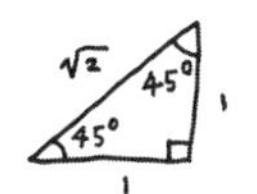

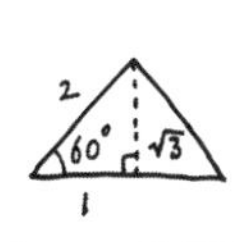

一般化

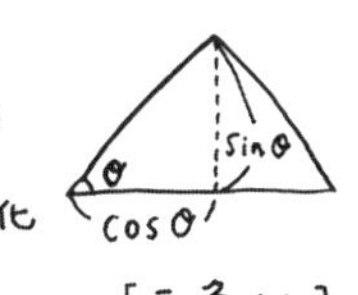

一般化

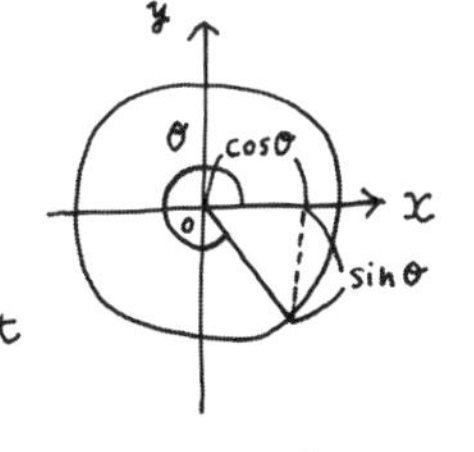

高校の数学Ⅰでは、悪名高きサイン・コサイン・タンジェントという「三角比」が出てくるやろ。「θ」なんて見たくもない!て言い出す高校生も多いわけやけど、この「三角比」とは何かと言う

と、中学校までで習ってきた三角形の性質の一般化や。

中学校では、直角二等辺三角形とか正三角形とかの性質を勉強したわけや。この角度は60°で、正三角形の1辺の長さが2だとするとその高さは$\sqrt{3}$で……みたいな性質やな。高校1年生の「三角比」では、「この角度が45°とか60°とかいった具体的な数字でなくても、一般的な角度θで表すとどんな性質があるんやろか……」というのがテーマや。さらに数学II、これは高校何年生で勉強するんや?

数学IIは、高校2年生で勉強することが多いと思います。

「三角比」は、高校2年生になると「三角関数」として現れる。「三角関数」とは、一言で言えば高校1年生で勉強した「三角比」の一般化や。角度θが180°を超えると三角形が描けなくなるんやけど、それでも$\sin\theta$や$\cos\theta$の性質を調べてみよう！　というのが「三角関数」のテーマやで。「三角関数」では、めでたく、θが180°を超えて330°でも800°でも17000°でも無理なく$\sin\theta$や$\cos\theta$が使えることがわかる。**「具体的な三角形」「三角比」「三角関数」という順番で抽象化される**んやな。

ちなみに、三角形じゃなくなるのに「三角関数」ちゅうネーミングなの、わいはセンスないと思うんやけどな。本当は、「円関数」とかのほうが実態に近いで。角度θが180°を超える「一般角の三角比」を図示すると、描かれるのは、この図（P109）みたいにたいてい「円」やろ？

さあ問題は、「三角比って何これ？　意味不明やん?」ちゅう高校

1年生が現れたときのことや。自分ら数学の先生が丁寧に「三角比の本質」を教えようとするとな、それは数学IIで習う「三角関数」の内容に近づいていくんや。これ自体は素晴らしいことやで。三角関数を勉強することで、三角比の本質がより深くわかる。「三角関数」が**理解できれば**な。残念ながら、三角比がわからんなら三角関数はもっとわからんやろ。三角比の本質というものは、その先の三角関数を理解してからやないと理解できないものなんや。

そもそもな、もし三角比がわからん高校生がいたとしたら、その生徒は、**より具体的な直角三角形や正三角形の性質を理解しとらん**ちゅうことやちゃう？　**その生徒に教えるべきは、三角比の本質やなくて具体的な三角形のこと**なんよ。

他の例も出そか。

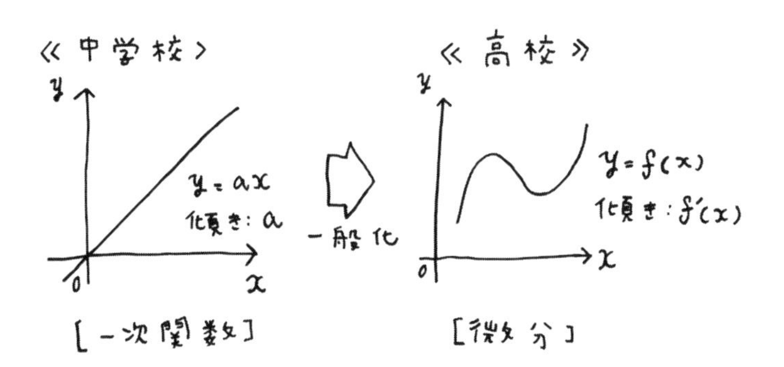

高校で、「微分」習うやろ。「微分」も、なんだかつかみどころのない抽象的な数式操作や。これも要するに何かというと、中学校で勉強したことの一般化やで。

中学校で習った「一次関数」には、グラフの「傾き」ちゅうものがあった。$y=ax$というグラフの傾きはaや。この中学校レベルの知識からすると、グラフの傾きがわかるのは$y=ax$という一次関数だけやけど、高校の「微分」を使うと、ほとんどあらゆるグラフの傾きを計算することができる。

いやでも微積分というのは……。

言いたいことはわかっとる！ 微分の本質は、「グラフの傾きがわかる」なんてちゃちなものやない。微分を使うことで、その関数の傾きだけでなく様々な性質がわかる。積分と組み合わせれば、さらに世界が広がる。力学を勉強すれば、物体の運動はすべて微分と積分でできていることもわかる。数学や物理学の根幹と言ってもいい、高校数学のクライマックスや。

けどな、やっぱりその「微分の本質」がわかるのは、もっと一般化を進めた、「微積分」とか大学の物理学で活躍する「ベクトル解析」とかを勉強してからや。「微分てなんや？」てポカーンとしとる高校生に必要なのは**本質を追究する抽象化やない。理解のための具体化や**。この高校生にはより具体的な、中学校の「一次関数」こそ教えるべきなんやよ。

まだ釈然としません。僕が生徒たちに伝えたいのは、本質的な数学の楽しさ、抽象化や一般化のその先なんです。でも抽象的なことは理解が難しい。なら元に戻って、より簡単な、より具体的な単元を復習しようということですか？　それで本当に、先に進めるんですか?

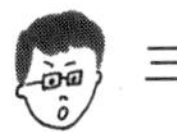
まあまあ落ち着けや。人間は基本的に、抽象的方向を向いても理解できない。けど、永遠に抽象的なことを理解できないわけやないで。三角形のことを思い出してみぃ。

三角形?

Lesson ▸ 10

「あとで振り返ったときに、初めて見える世界があるんや」

……………………… 抽象側から具体側を見る

中学校で習った、三角形の内角の和、あるやろ。三角形の内角を全部足すと必ず180°になるっちゅうやつや。誰でも生まれてからたくさんの三角形を目にしてきたはずやけど、それまで内角の和なんてあまり気にしてこんかった。それが、ある日の中学校の授業で、「三角形の内角の和は必ず180°になる」と証明されるわけや。いちおう、証明しよか。

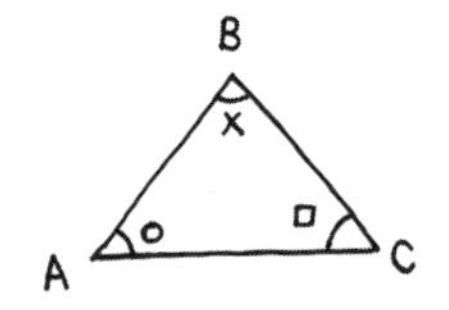

図の三角形ABCについて

×＋□＋○＝180°を証明する

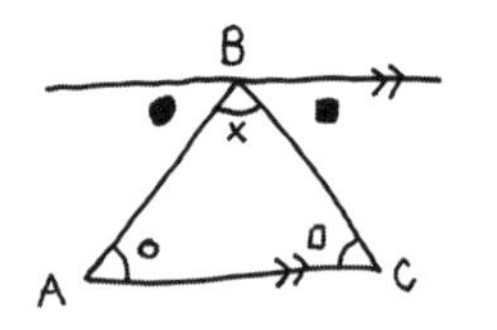

点Bを通り、辺ACに平行な補助線を引く。

平行線の錯角は等しいので

●＝○

■＝□,

×＋■＋●＝180°なので

×＋□＋○＝180°

ほい、このとおり。あまり難しい数学を使わんくても、きれいに証明される。ただ、この証明を見た中学生が納得したり感動したりするかというと、ちょっと違うかもしれんな。自分みたいに、狐につままれた印象を受けるかもしれん。

???

確かにきれいに証明されとるんやけど、抽象的な証明を見ても、いまいちしっくりこないというか、疑わしく感じることがある。それで、具体的な三角形をいくつも描いて確かめてみるんや。

あれ、僕その話しゃべりましたっけ？

するとどうや！　本当に、あらゆる三角形の内角の和は、どうやっても180°やないか！　突然、いままで見ていた三角形が、驚愕の図形に見えてくる。抽象的な法則を知ってから、具体的な三角形を見ると、まるですべての三角形は神様がつくったとしか思えなくなるな。**いちど抽象方向に進んでから具体方向を振り返ると、世界が違って見える**んや。

いまいる場所から抽象方向を眺めても、ボンヤリしていて理解できない。しかし、抽象方向に進んでから具体方向を振り返ると、

その本質が理解できるようになるということですね!

せや! これが数学の楽しみかたでもあり、厄介な点でもある。

厄介な点?

いちど抽象方向に進んでからでないと、いまいる場所の本質や楽しみはなかなか理解できん。三角関数を学ばないと三角比はよくわからんし、微積分を学ばないと一次関数や二次関数はよくわからん。**中学数学の楽しさや本質を理解するには高校数学を学ばなあかんし、高校数学の楽しさや本質を理解するには大学数学を学ばなあかん**ということが起こってしまうんや。大学数学の本質を理解するにはもっと抽象的な現代数学が必要やということになってくる。

それは確かに厄介ですね。わからないから先に進みたくないのに、わかるためには先に進まないといけない。

せやけど、あらゆる数学者を魅了してきた数学の醍醐味でもある。**先に進めば進むほど、すべてが統合され、説明され、いままで単純だと思っていたことの奥深さが実感できる**んや。自分もそうして数学が好きになったんやろ?

——僕はしばし、考えた。いままでの僕のこと。そして、いま僕の受け持っている生徒たちのこと。

……僕は、わかります。数学は、先に進むほどに奥深くなり、美しくなります。確かに僕は、その美しさに魅了されたんです。

でも、「先に進んで振り返れば、いまいる場所の美しさがわかる」って言われても、数学が嫌いになる子は、そのいまいる場所の数学がわからないんですよ！　目の前の問題が解けなくて困っている生徒を、助けてあげる、救ってあげる手段はないんですか？

数学の道は長く、終わりのないもんや。わしだって、何十年も研究してやっと、ちょこっと数学がわかったんやで。簡単に数学ができるようになる方法があるわけ……

――ピタゴラスは、手のひらを上に向け天を見た。

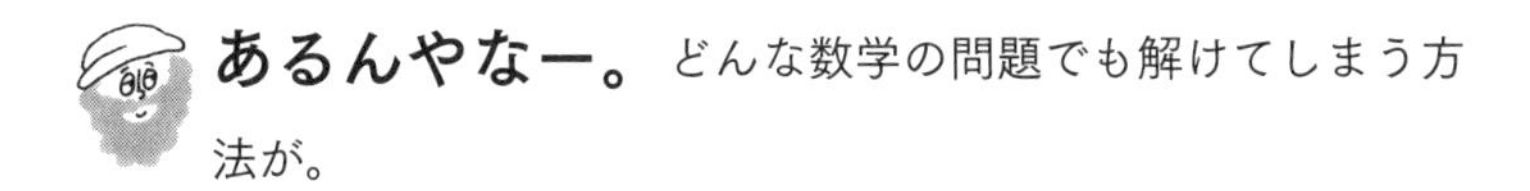

あるんやなー。どんな数学の問題でも解けてしまう方法が。

え!?

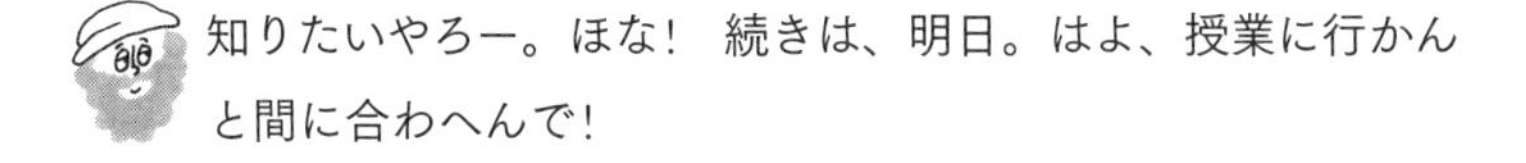

知りたいやろー。ほな！　続きは、明日。はよ、授業に行かんと間に合わへんで！

――しまった、こんなリアクションは向こうの思うつぼだ。絶妙のタイミングでもったいをつけたピタゴラスは、ニヤニヤと嬉しそうだった。

僕はもう、ピタゴラスの問合いのようなものがだいたいわかるようになってきていた。数学の話をするときのこの人は、子どものように目を輝かせて、本当に楽しそうだ。ギリシャでもこんなふうにして、弟子たちに数学を教えていたのだろうか。物の本によると、ピタゴラスの思想は多くの人を魅了したという……。いや、僕は何を考えているんだ。紀元前生まれのギリシャ人が令和の芝浦にいるわけがないじゃないか。思わず苦笑すると、ピタゴラスは不思議そうな顔をした。なんにせよ、いまから明日が楽しみだ。

Day 5 具体化と抽象化

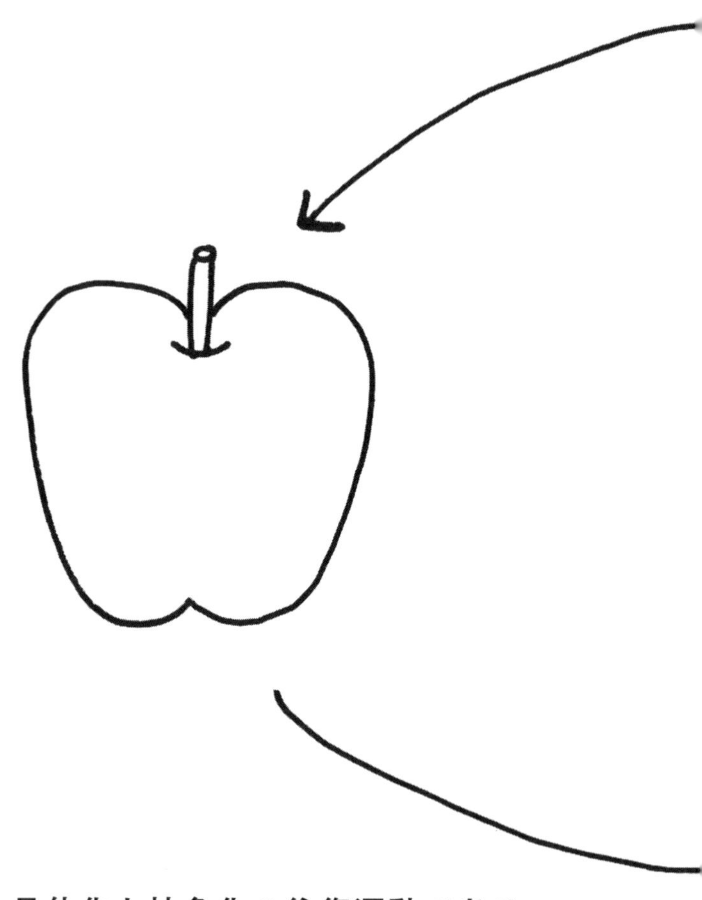

思考とは、具体化と抽象化の往復運動である。
頭のよい人とは、具体化と抽象化の往復運動が
得意な人のことである。

——『賢さをつくる』より

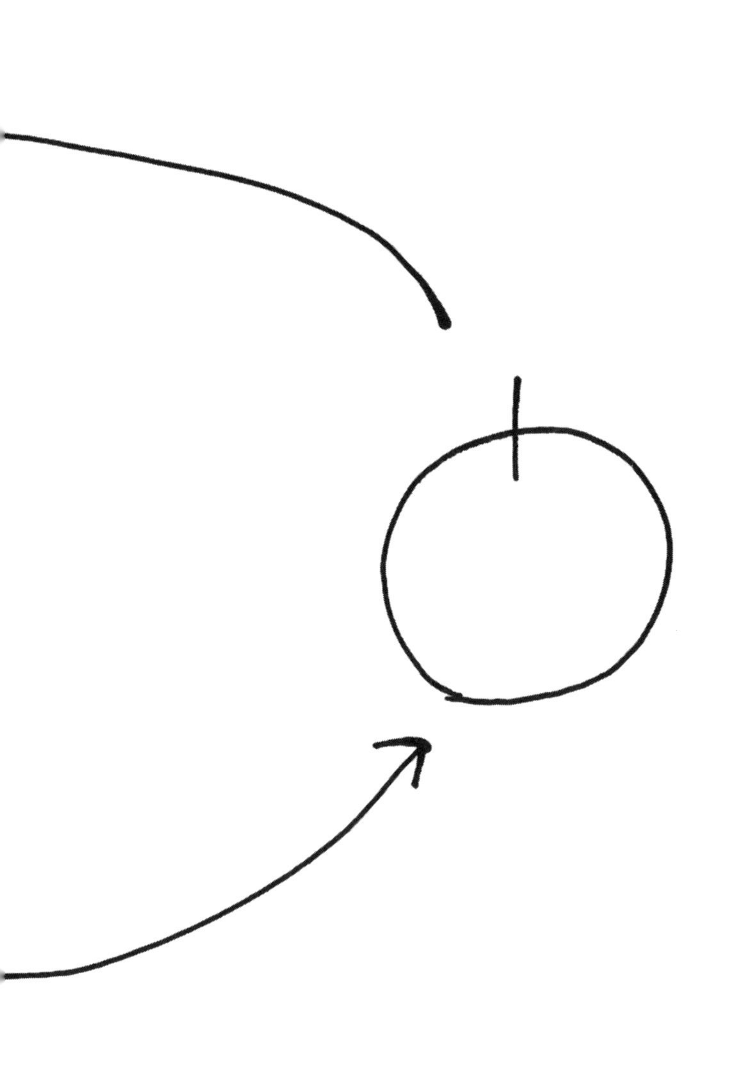

Lesson ▸ 11

「出た！　悪魔の、点Pや！」

……………………どんな問題も解ける3ステップ

あ、どんな問題ゆうても、いちおう、大学入試ぐらいまでの数学限定な。現代数学が挑んでいるあらゆる未解決問題まで解けるちゅう意味やないで。この例題で行ってみよか。

例題

1辺の長さが4cmの正方形ABCDがある。点Pが点Bを出発して、辺BC、CD上を通り、点Dまで秒速1cmで移動する。x秒後、線分APが通り過ぎたあとにできる図形の面積をycm²とする。線分APが通り過ぎたあとにできる図形の面積が13cm²になるのは何秒後か？

――この日は、挨拶もそこそこに、お待ちかねの講義がはじまった。

でた！　悪魔の点Pや！　なんで動くんや！　止まっとりゃええやないかい！

自分でそう言わないでくださいよ。点Pが出てくる問題を毛嫌いする子は多いですけど。

点Pは、数学嫌いにとっての悪夢やな。今夜はうなされるでー。

だから、自分で言わないでくださいよ。

この悪夢の点Pを使って、わいが**「どんな問題でも解ける3ステップ」**を解説しちゃおうっちゅうんや。

どんな問題でも解ける3ステップ？　そんなのあったら苦労しませんよ。怪しげですね。

怪しいやろ。けど、**本当にあるんや**。でも、結局はいままで話してきたことのおさらいやで。**数学とは、抽象化を目指す学問**や。そして、**理解できんかったらまず具体化すればええ**。

お待ちかねの、「どんな問題でも解ける3ステップ」！　**ステップ1：問題を具体化して理解する！**

——ピタゴラスはちらっと僕の顔を見た。

ま、待ってました！

できるようになってきたやないか！　だいたいな、数学がわからん言うとる生徒は問題を理解しとらんのや。理解できないのは抽象的やからや。つまり、具体化すれば理解できるという単純な話や。

でも、どうやって具体化すればいいんですか？

いい質問や！　なんと、数学には「具体化三種の神器」というものがある！

具体化三種の神器？　僕、そんなものは聞いたことありませんよ。

当たり前や！　わしがさっき思いついたんやからな。

そんな即席で大丈夫なんですか？

まあ聞いてみい。**「具体化三種の神器」とは、「図示」「代入」「場合分け」**の3つや！　まず**「具体化三種の神器その1：図示」**やな。

「速さ」のところでも、「方程式の利用」のところでもやったやろ。具体的なものとは五感で捉えられるもの、目に見えるものや。**難しそうでいまいちよくわからん問題に出会ったら、まず図示を試みればええ**。図示が成功すれば、かなりわかりやすくなる。実は、この例題はちょっと意地悪なんや。図形の問題のくせに図が描いていない。普通は何かしらの図が問題に描いてあるもんや。逆に、問題から図を消すだけで難易度はアップする。先生が「今回のテストはちょっと簡単すぎるから、もうちょっと難易度上げたいなぁ」と思ったら、図を消すだけでええ。それだけで正答率は3割減ぐらいになるんやないか？

そうですね。普通は、こんな図が問題文に描かれていると思います。

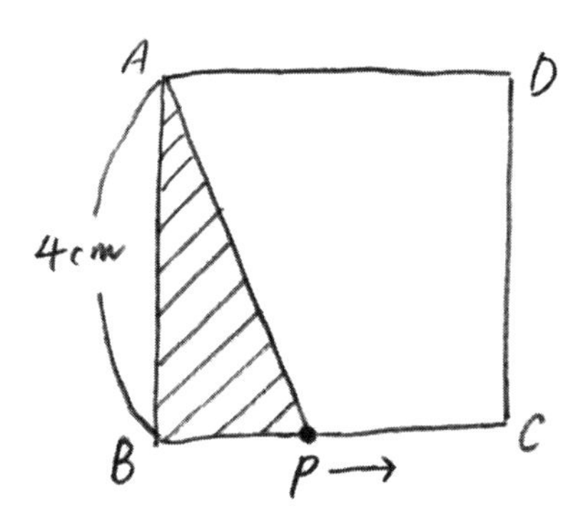

せやな。もし問題にこの図がなかったら、自分で描くんやで。そして、なるべく多くの「わかっていること」を書き込むんや。問題文に書いてあって、図にはないものはまだあるやろ？

問題文には「x秒後」とか「$y\mathrm{cm}^2$」とかありますけど、図にはまだないですね。

よし！　それも図示するんや！

「x秒後」というのは直接図示しにくいので、「x秒後には、点Pが$x$cm動いている」と考えて図に追加すると、こうですね。

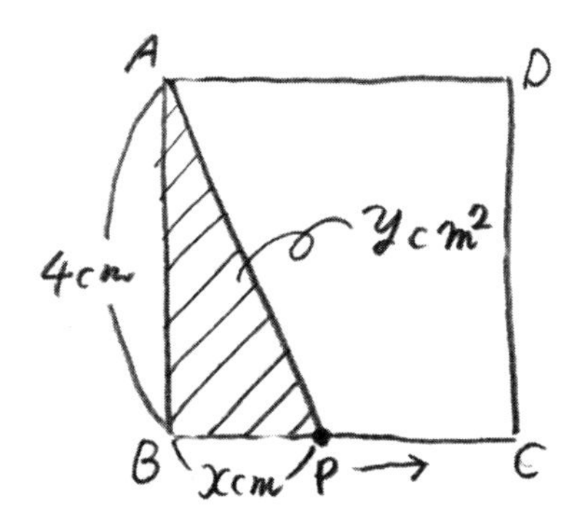

せや！　自分で描くのが大事やで！「このyが13になるとき、xはいくつや?」ていうのがこの例題の意味や。ずいぶん理解しやすくなってきたやろ。それでもまだよくわからん、ちゅうなら、**「具体化三種の神器その2：代入」**や！　ほれ、効果音！

え!?　えーと、ジャジャーン……でいいですか?

ジャジャーン！　次なる神器は**「代入」**やな。「x」や「y」や「a」や「n」やと言うからややこしくなるんや。とりあえず、なんか数字を入れてみる。そして、**どうせ入れるならなるべく簡単なほうがええ。**環太、簡単な数字って例えばなんや?

1とか2でしょうか?

せや！　そのとおり！「0」とか「−1」とかもええで！「x秒後て言われてもよくわからんなぁ」と思ったら、とりあえず1秒

後とか2秒後のことを考えてみればええ。ほら、**1秒後と2秒後の図を描く**んや！

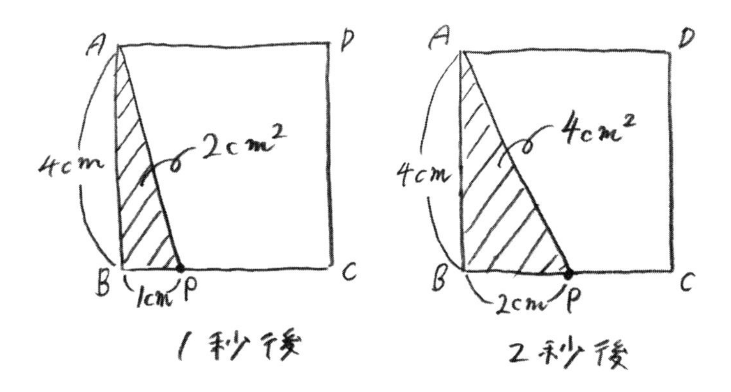

そうするとな、1秒後も2秒後も、問題となる図形は三角形で、その面積は2cm²から4cm²に増えとることがわかる。この後さらに時間が経つと、面積はさらに増えていき、そのうち13cm²になりそうではあるな。

ただ、点Pは点Cを超えて点Dまで移動しますよ。そのへんのことを考えなくていいんですか？

キターー!!!　そうや！　ここや！ まさにここで登場するのが、三種の神器の最終兵器**「具体化三種の神器その3：場合分け」**や！　効果音！

ジャ、ジャジャーン……ところで「最終」って、三種の神器にも順番があるんですか？

せや。「場合分け」は、使用頻度は「図示」「代入」ほど多くないんやけどな、ちょっと複雑な問題になると大活躍する具体化神器なんや。

「場合分け」って、嫌がる生徒が多いんですけど。

せやろなぁ。「場合分け」をすると、一見、考えるべきことが増えてややこしくなるように見える。解答欄が長くなるしな。でも実は反対で、**複雑な現象を場合分けして、一つ一つの個別ケースを単純に扱う手段**なんや。**「個別化」という意味での具体化**やな。

例えば、「日本人の生活について調査しなさい」と言われても、漠然としていて何からはじめればいいかわからんけど、「中学生の場合」「サラリーマンの場合」「主婦の場合」みたいに場合分けすると、具体的なイメージが湧いてきてとっかかりになるやろ。

もっとも、単純な問題やと、「場合分け」をするまでもないことが多い。たいていは「図示」と「代入」でこと足りる。だから最終兵器なんや。

この問題だと、点Pが点Cを通り過ぎると様子がガラッと変わるやろ。ほれ、図示やよ図示！

わかりましたよ……。こうですね。

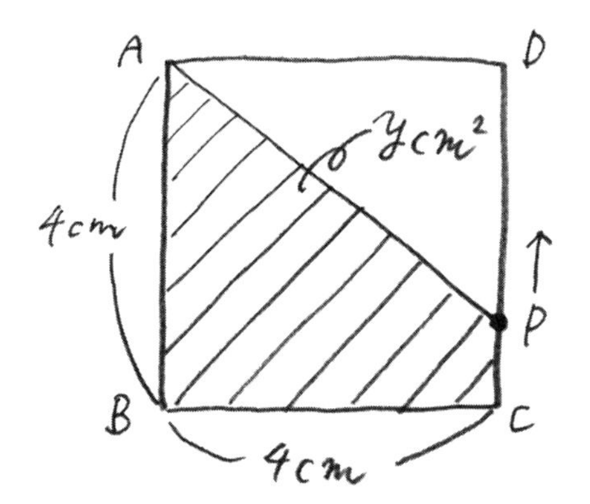

ありゃー！　点Pが点Cを通り過ぎると、図形が三角形やなくて台形になってしもうた！　なんか話が違ってきそうやんか。ここで「場合分け」の登場や！

図形が三角形の場合と台形の場合、2パターンで場合分けして、個別に考えると問題が単純になりますね。

「図示」「代入」「場合分け」。この具体化三種の神器を使って、かなり問題の意味がわかってきたやろ。これが、**ステップ1：問題を具体化して理解する！**　や。問題を理解したらステップ2に進めるで！

――ピタゴラスはまたちらっと僕の顔を見る。

ま、待ってました!

次なるステップは、**ステップ2:問題を理解したら抽象化する!** 具体化してわかってきたことを、今度は一般化するんや。

抽象化とか一般化って、わかりにくいと思うんですけど、どうすればいいんですか?

ビジネスや研究の場では「モデル化」とも言うな。

数学について言えば、ほぼ「**文字を使った数式で表すこと**」と考えてええ。もっと言えば、数式には「等式」と「不等式」しかなく、さらに、中学から高校までの数学に出てくる「不等式」は少なくて、8割ぐらいが「等式」や。はっきり言ってしまえば、**困ったら、「等式」を書けば8割方は正解**ちゅうことや! 方程式のとこでもやったやろ? 真ん中にデデンと「=」を書けば、自然と抽象化ができるわけや。

この問題では、1秒後や2秒後のことに具体化したから、もう一回、文字に戻して「x秒後」のことを等式にするんや。x秒後の図を書いて、面積yを等式で表してみい。

三角形の面積は、底辺×高さ÷2なので、こうですね。

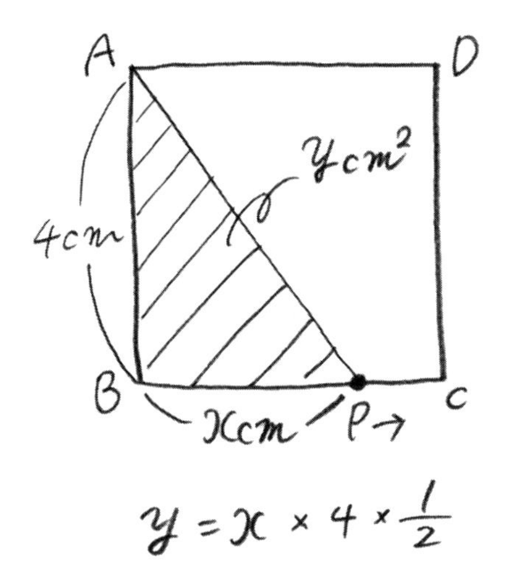

せや！　ただし、さっき場合分けしたとおり、これは図形が三角形のとき、つまり点Pが点Cに到着するまでのx＜4の場合やろ。もう一つの場合も考えなあかん。

点Pが点Cを通り過ぎると、図形が台形になってしまうので、台形の面積の公式（上底＋下底）×高さ÷2を使う必要がありますね。上底は4cmでいいとして、下底はちょっと難しいんですが、$x$cm進んだ点Pから、辺BCの長さ4cmを引いた（x－4）cmとして表すことができます。

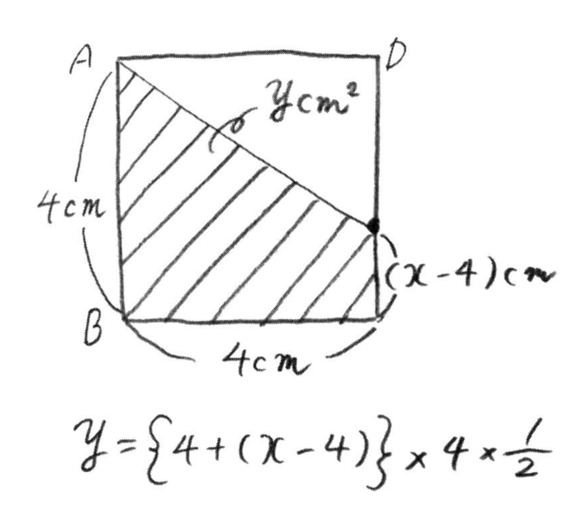

よっしゃ!　場合分けに注意して式をまとめるで!

台形になるのは$x \geqq 4$の場合ですから、こうですね。

$x<4$の場合

$$y=x\times 4\times \frac{1}{2}$$

$x \geqq 4$の場合

$$y=\{4+(x-4)\}\times 4\times \frac{1}{2}$$

数学っぽくなってきたやろ？　ここでついに、お待ちかねの……！

またやるんですか？

――ピタゴラスは、ちょっと寂しそうな顔でこちらを見る。ずるい。

待ってましたー

ついに最終ステップ！　**ステップ3：抽象的なまま操作する！**

いままで具体化して理解しようとしてきましたけど、今度は、抽象的なままでいいんですか？

抽象的なままでええ！　ここが数学の素晴らしいところや！　抽象的な操作とは、数式の変形や公式の適用のことなんやけど、実のところ、学校の授業で教えられているのはほとんどこの部分や。分数の計算だってそうだったやろ？　ケーキの絵を描かなくても、抽象的な数式のまま計算できるんや。「因数分解の公式なんて仕事で使わんやんけ」と思うのは正しくて、学校で教えてもらうのは、抽象的なものからはじまって抽象的なもので終わる抽象的な操作や。**最初っから最後まで抽象的なものやから、実生活での使い所はなかなか見えん。**

ただな、抽象的ゆえの素晴らしさもある。この式はx秒後の図形の面積を表しているものやけど、式自体は、べつに図形の面積だけのものやない。リンゴの値段やろうが世界の人口やろうが豆の直径やろうが、**数式で表されたならば、同じように操作できる**んや。「このxってなんだっけかなぁ」とか「この4てなんだっけかなぁ」とか考える必要があらへん。

しかも、学校で教えてもらうような公式や定理は、わしら数学者が何千年もかけて検討してきた結果、正しさが証明されとる。いちいち具体的な検証をしなくても、安心して好きなだけ使えばええ!

ではこの式を、特に考えずに変形してみます。

$x<4$の場合

$$y=x\times4\times\frac{1}{2}$$
$$y=2x$$

$x\geqq4$の場合

$$y=\{4+(x-4)\}\times4\times\frac{1}{2}$$
$$y=x\times4\times\frac{1}{2}$$
$$y=2x$$

あれ、両方とも同じになっちゃいましたね。

せやな。せっかく場合分けしたのに、両方とも同じになってしもうたな。ちょっと不思議な気がするなぁ。三角形と台形の面積が同じ式になってしまうなんて。

この問題は1辺の長さが4cmの正方形なんやけど、1辺の長さが5cmだったり、長方形だったり、正三角形だとどうなるんやろか？やっぱり同じになるんやろか？…と一般化して考え出すのが、まさに数学的思考なんやけど、まあ今日のところはここまでにしとこか。

なんにしても、xの値にかかわらず$y=2x$ということがわかりましたね。求めるべきは$y=13$となるxなので、

$$13=2x$$
$$2x=13$$
$$x=\frac{13}{2}$$

$\frac{13}{2}$秒後、つまり「6.5秒後」が答えです。

完璧や！

復習するで♡

◆どんな問題でも解ける3ステップ

ステップ1：問題を具体化して理解する！

- 具体化三種の神器その1：図示……問題に図がなかったら自分で描く。問題に図があったら、情報がすべて書き込まれているか確認する。
- 具体化三種の神器その2：代入……x, a, nなどに簡単な数字を代入する。おすすめは0, 1, 2。－1とか10とかもええで。
- 具体化三種の神器その3：場合分け……単純な問題では不要だが、複雑な問題では威力を発揮する。

ステップ2：問題を理解したら抽象化する！

文字を使った数式に一般化する。だいたいは等式。

ステップ3：抽象的なまま操作する！

ここで、学校で練習した式変形や公式を使う。目の前の式だけに集中し、特に深く考えなくてもよい。

Lesson ▸ 12

「大学入学共通テストも怖いことあらへん!」

……………学校教育の数学が伝えようとしたこと

2021年から、「大学入試センター試験」が「大学入学共通テスト」に衣替えされたやろ。

はい。リニューアルの目玉だった記述式回答の導入は見送られちゃいましたけど。

文部科学省が言うには、「センター試験の問題は知識と暗記偏重や！　大学や社会生活で必要な問題発見能力や問題解決能力を評価せなあかん!」ということで出題方針が見直されたわけやけど、その初年度の問題を見て、自分はどう思った？

そうですね。事前に高校生に受けてもらったプレテストの平均点がすごく低くなってしまって、予備校業界では、「これはもしやすごく難化するのでは?」と言われていたのですが、蓋を開けてみればセンター試験と平均点はあまり変わらなかったですね。

数学に関して言えば、制限時間が60分から70分に長くなりました。そして、会話文や図が増えたりして問題文が長くなりました。けれど、求められている数学力自体は易しくなったような印象があります。

国語的に難しくなった一方、数学的には易しくなって、結果的に平均点はセンター試験とあまり変わらなかった感じですかね。

せやろな。2021年の最初の問題はこれや。

例題

2021年　大学入学共通テスト　数学Ⅰ・数学A　第一問（一部改変）

〔1〕cを正の整数とする。xの2次方程式

$$2x^2+(4c-3)x+2c^2-c-11=0 \cdots ①$$

について考える。

(1) $c=1$のとき、①の左辺を因数分解すると

$(\square x+\square)(x-\square)$

であるから、①の解は

$x=-\dfrac{\square}{\square},\ \square$

である。

(2) $c=2$のとき、①の解は

$x=\dfrac{-\square\pm\sqrt{\square}}{\square}$

である。

〔2〕太郎さんと花子さんは①の解について考察している。
太郎：①の解はcの値によって、ともに有理数である場合もあれば、ともに無理数である場合もあるね。cがどのような値のときに、解は有理数になるのかな。
花子：2次方程式の解の公式の根号の中に着目すればいいんじゃないかな。

①の解が異なる2つの有理数であるような正の整数cの個数は□個である。

わいな、この問題をみたとき「あちゃー」と思ったんや。これ、いい意味やで。**さっきやった「どんな問題でも解ける3つのステップ」そのまま**やないけ！

えっ!?

ま、順番に見てこうか。まずな、この初っ端の式①や。

$$2x^2+(4c-3)x+2c^2-c-11=0 \quad \cdots ①$$

基本的に、いままでこの式を見たことがある受験生はおらん。当たり前やな。そして、こんな式見せられても何もわからん。数学が嫌いだったら見たくもない数式や。で、「ステップ1」でやったやろ。問題を見て、**意味がわからんかったら具体化する**んや。**具体化**

とは、0, 1, 2を代入することや。ところが**この問題は、誘導で親切にも$c=1$を代入するようにと書いてある**やんけ！

確かに、$c=1$のとき……と書いてありますね。

せやから、意味はわからんくても、とりあえず代入してみるわけや。

$$2x^2+(4c-3)x+2c^2-c-11=0 \cdots ①$$

↓ $c=1$を代入

$$2x^2+(4\times1-3)x+2\times1\times1-1-11=0$$

$$2x^2+x-10=0 \cdots ②$$

さて、①の式を見たことがある受験生はおらんけど、この式②は、2次方程式を勉強した高校生なら必ず目にしたはずや。ものすごく普通の2次方程式やな。この時点で、謎の式①は、実はよくある普通の2次方程式だとわかったわけや。

具体化すれば理解しやすくなるわけですね。

問題文には、「これを因数分解して解を求めろ」とあるから、因数分解する。「因数分解って生活のどこで役に立つの?」と聞かれる、役に立たない数学の代名詞やけど、無理して生活で役に立てようとするから話がややこしくなるんや。数学では因数分解ってめちゃくちゃ便利なんや。方程式が簡単に解けるんやからな。

因数分解の方法はいろいろあるけんど、高校生がよくやるのは「たすき掛け」かのぉ。ここで、「たすき掛けなんて仕事で使わんけど、なんで練習するの?」て言うのはやっぱりヤボやで。「たすき掛け」で因数分解できて、因数分解で2次方程式が解けるちゅうだけのことや。数学の問題を解くためのテクニックに過ぎん。けど、すごく便利なテクニックちゅうだけや。

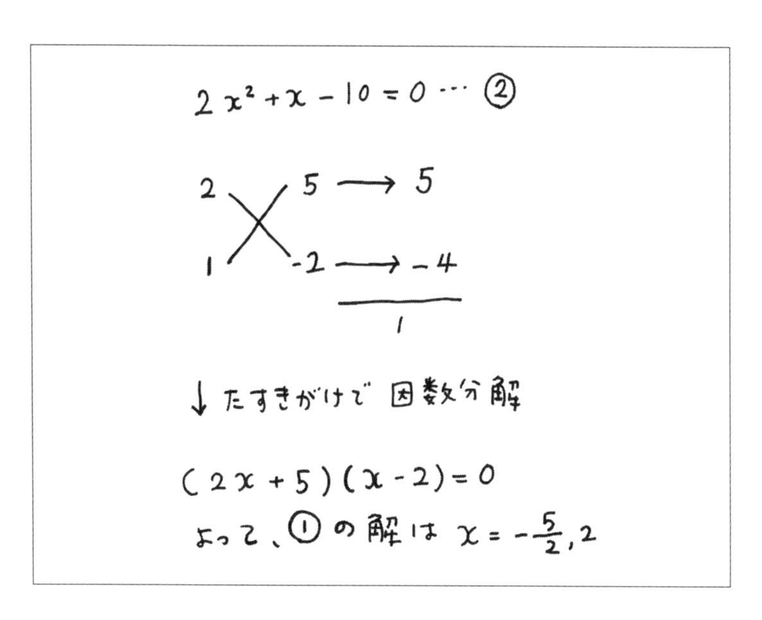

これで（1）が完了や。（2）にはなんて書いてある?

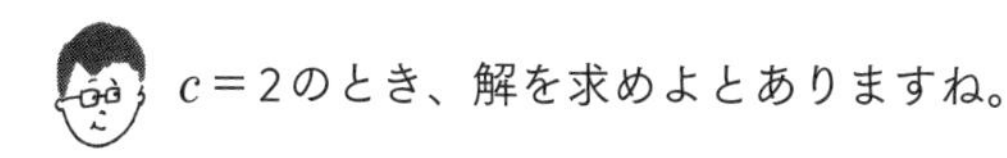

$c=2$のとき、解を求めよとありますね。

あちゃー！　やっぱりや。**「どんな問題でも解ける3つのステップ」そのまま**や！　1の次は2を代入してみろちゅうわけや。

$$2x^2+(4c-3)x+2c^2-c-11=0 \cdots ①$$

↓　$c=2$ を代入

$$2x^2+(4\times2-3)x+2\times2\times2-2-11=0$$

$$2x^2+5x-5=0$$

$c=2$を代入しても、やっぱり高校生なら見慣れた、普通の2次方程式や。この2次方程式③は、どうやって解くのがええ？

これ、「たすき掛け」をしても上手くいかないので、解の公式を使うのが簡単でしょうね。

せやな。ここで、「2次方程式の解の公式なんて就職してから使ったことないで！」と言うのはヤ……

はいはい。ヤボですね。

せや。解の公式を使うと2次方程式が簡単に解ける。という、ただそれだけのことや。公式より簡単で便利な方法があればそっちを使ったらええ。なかったら公式を使ったらええ。

2次方程式の解の公式

$x=\dfrac{-b\pm\sqrt{b^2-4ac}}{2a}$ を使う。

$2x^2+5x-5=0$ …③を解きたいので

$$x=\frac{-5\pm\sqrt{5^2-4\times2\times(-5)}}{2\times2}$$

$$x=\frac{-5\pm\sqrt{65}}{4}$$

よって、①の解は $x=\dfrac{-5\pm\sqrt{65}}{4}$

これで(2)も解けましたね。

方程式の解がでたのはめでたいんやけど、そもそも何しとったか忘れちゃいかんで。cに1と2を代入して、最初の式①が何なのか探っとったんや。これで、完全に謎の物体だった式①が何者か、ちょっとわかってきたやろ？　どうやら、これは普通の2次方程式やけど、cの値によって様子が少々違ってくるんや。

cの値によって、「たすき掛け」で解くのが簡単だったり解の公式で解くのが簡単だったりと変化するみたいですね。試したのは「$c=1$」と「$c=2$」の2パターンだけなので、はっきりしたことは言えませんが。

と思ったら、**問題文の太郎さんと花子さんも同じことを話しとるやんけ!!!**

本当ですね! 太郎さんは「cの値によって、解が有理数であったり無理数であったりするね」と言っています。

$c=1$の場合、①の2次方程式はたすき掛けで因数分解できて、解はルートがつかない有理数やった。そして$c=2$の場合は、たすき掛けが使えず解はルートがついて無理数やった。cの値を具体的に代入して、この性質に気づきなさいという誘導やな。

そして問題文には、「①の解が異なる2つの有理数であるような正の整数cの個数」を求めよとある。$c=1$の場合、解は有理数やったけど、$c=2$の場合、解は無理数になってしもうた。$c=1$以外にも、解が有理数になる場合があるのか? あるとしたらそれはどんな場合か? ちゅうことやな。これで問題の意味がわかったで! 半分解けたようなもんや。

具体化して問題が理解できたら、次は抽象化ですね!

せや! そして抽象化とは、「数式化」か「一般化」のどちらかや!

この問題の場合、数式はもう書いてあるから「一般化」で攻めるのがよさそうですね。$c=1$、$c=2$を代入して理解したので、

一般的なcで考えるのが抽象化ですよね？

せやせや。いままで、**cという意味不明の文字を見るのは怖かったんやけど、c＝1、c＝2を代入して式の意味がわかってきたから、安心して一般的なcで考えることができる**んやな。

花子さんのセリフに「2次方程式の解の公式の根号に着目」しろとあるので、①式をcのまま、解の公式で解を求めてみましょうか。

$$2x^2+(4c-3)x+2c^2-c-11=0\cdots①$$

2次方程式の解の公式

$x=\dfrac{-b\pm\sqrt{b^2-4ac}}{2a}$ を使う

$$x=\frac{-(4c-3)\pm\sqrt{(4c-3)^2-4\times2\times(2c^2-c-11)}}{2\times2}$$

$$x=\frac{-4c+3\pm\sqrt{16c^2-24c+9-(16c^2-8c-88)}}{4}$$

$$x=\frac{-4c+3\pm\sqrt{-16c+97}}{4}$$

まだちょっと見慣れない、複雑な式ですね。

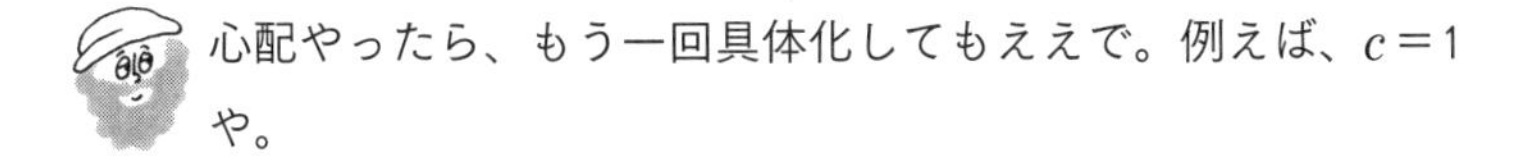

心配やったら、もう一回具体化してもええで。例えば、c＝1や。

$$x=\frac{-4c+3\pm\sqrt{-16c+97}}{4}$$

↓ $c=1$ を代入

$$x=\frac{-4+3\pm\sqrt{-16+97}}{4}$$

$$x=\frac{-1\pm\sqrt{81}}{4}$$

$$x=\frac{-1\pm\sqrt{9^2}}{4}$$

$$x=\frac{-1\pm 9}{4}$$

$$x=\frac{8}{4},\ \frac{-10}{4}$$

$$x=2,\ -\frac{5}{2}$$

当たり前ですけど、(1) と同じ答えが出てきましたね。

他に気づいたことは?

ルートの中が81、つまり9×9だったので、無事にルートが外れて有理数になりました。$c=2$だと、ルートの中が65になってしまってルートが外れません。まあ、(2) でやったとおりなんですが。

ちゅうことは、ルートの中の式「$-16c+97$」が何かの2乗になると、上手いことルートが外れて、①の解は有理数になるってことやな。ピンとこなければ、やっぱり具体化してみたらええ。わいのおすすめは「0」を代入することなんやけど、この問題には「cを正の整数とする」とあるから、正の整数を順番に代入してみいな。丁寧に一個ずつな！

——（※丁寧に一個ずつな！）

−16c＋97に

↓ c＝1を代入してみる
−16＋97＝81＝9×9…ルートが外れる！

↓ c＝2を代入してみる
−32＋97＝65…ルートが外れない

↓ c＝3を代入してみる
−48＋97＝49＝7×7…ルートが外れる！

↓ c＝4を代入してみる
−64＋97＝33…ルートが外れない

↓ c＝5を代入してみる
−80＋97＝17…ルートが外れない

↓ c＝6を代入してみる
−96＋97＝1＝1×1…ルートが外れる！

↓ c＝7を代入してみる
−112＋97＝−15

c＝7を代入すると、ルートの中が負の数になっちゃいましたね。これから先、cに8を代入しても9を代入しても10を代入しても、ずっと負の数です。ということは、この2次方程式①は実数解を持たないので、有理数の解も持ちません。

ということは、や。

ということは、①が有理数の解を持つのは、ルートが外れるc＝1、c＝3、c＝6の3通りしかないということですね。

せや！　だから、「①の解が異なる2つの有理数であるような正の整数cの個数は3個」というのが答えや！

これ、大学入学共通テストなので全国の高校生が受けるテストなんですけど、正直、中学レベルの数学で解けてしまいますね。必要な知識としては、2次方程式の解の公式、たすき掛けの因数分解、ルートぐらいでしょうか。全部中学3年生の範囲です。

国語的に難しくなった分、数学的に易しくなったと言ったのですが、この問題はまさにそうですね。数学的にはかなり簡単な部類です。もしかして、記述式用に問題をつくっていて、急遽選択式に戻したので簡単になったのかもしれません。

わいが言いたいのはな、教育改革が叫ばれた大学入学共通テストの数学Ⅰ・Aの第一問、つまり、鳴り物入りではじまった新テストの「いの一番」がこのような問題だったちゅうことや。

問題をつくった先生たちは、相当プレッシャーあったと思うで。「数学的な考えかたをさせなあかん」とか、「思考力や判断力を判定せなあかん」とか、いろいろ注文が多かった。ほんで、その注文を全部盛りした問題を出したら、今度は難しすぎて高校生に解けんかった。そんなこんなで試行錯誤を繰り返し、落とし所としてできたのがこの問題や。結果、わしの言うとおりになった。**具体化と抽象化を繰り返す、「どんな問題でも解ける3ステップ」そのままやろ?**

もし問題がわからなかったら、具体化して理解しなはれ。理解できてきたら、抽象化して考えなはれ。これが出題者たちのメッセージや。誘導もそのようについとる。問題をつくっている先生たちも、本当は、数学の本質は抽象性にあると内々感じとるんやないかな。

確かにそのとおりですね。

具体化と抽象化は、何回も繰り返してええんや。もしまたわからなくなったら、もう一回具体化して理解すればええ。ただし、数学的に論証するには、抽象化が必要や。**具体化と抽象化の繰り返しで問題は解ける**ようになっとる。

もちろんな、テストの制限時間内で答えようとするならば、いちいち代入したり丁寧な図を描いたりするわけにもいかん。大学入学共通テストのようなテストは、パッと見てパッと答えを出すことを要求される、反射神経テストのような面もある。高得点をとるには、数学の本質を理解すること以外に、それなりの練習が必要やろうし、解答時間を縮めるためには、公式や定理をたくさん暗記したほうが有利にもなるやろな。

けど、テストで高得点をとるテクニックは別にあるとして、学校教育のなかで数学が伝えたいことは、やっぱり「抽象化と具体化を使いこなしなさい」ちゅうことなんやないかな。

——過去に友人が主催するビジネスセミナーに出席したことがある。「売上を上げるために営業ができること」というお題で、初対面のお客さんと話す内容や、断られたときにはどうすべきかといった具体的な心得が3時間ちかくかけて語られた。最後の質疑で、僕は手を挙げた。

「つまり、お客様との信頼関係を築くことが大事ということですか?」
「その通りです」

3時間の内容が「お客様との信頼関係」という9文字にまとまった。これは僕も教える立場になって薄々感じていたことだけれど、算数や数学といった勉強にせよ、ビジネスにせよ、「お客様との信頼関係」のような抽象的な言葉で語っても、なかなか伝わらない。だから、具体的なテクニックでどうすればいいのかを説明する。抽象的な本質と、具体的な実用。なるほど確かに、この2つを行き来しながら説明したり、考えたりすると、理解しにくいものごとの本質も少しずつ形を帯びてくるだろう。

ピタゴラスに出会い、ほんの少しずつだけど、僕は仕事に対する手ごたえを感じはじめていた。

Day 6
AI と人間

数学は思考の抽象度を上げ、
ついには宇宙につながるのだ。

――『賢さをつくる』より

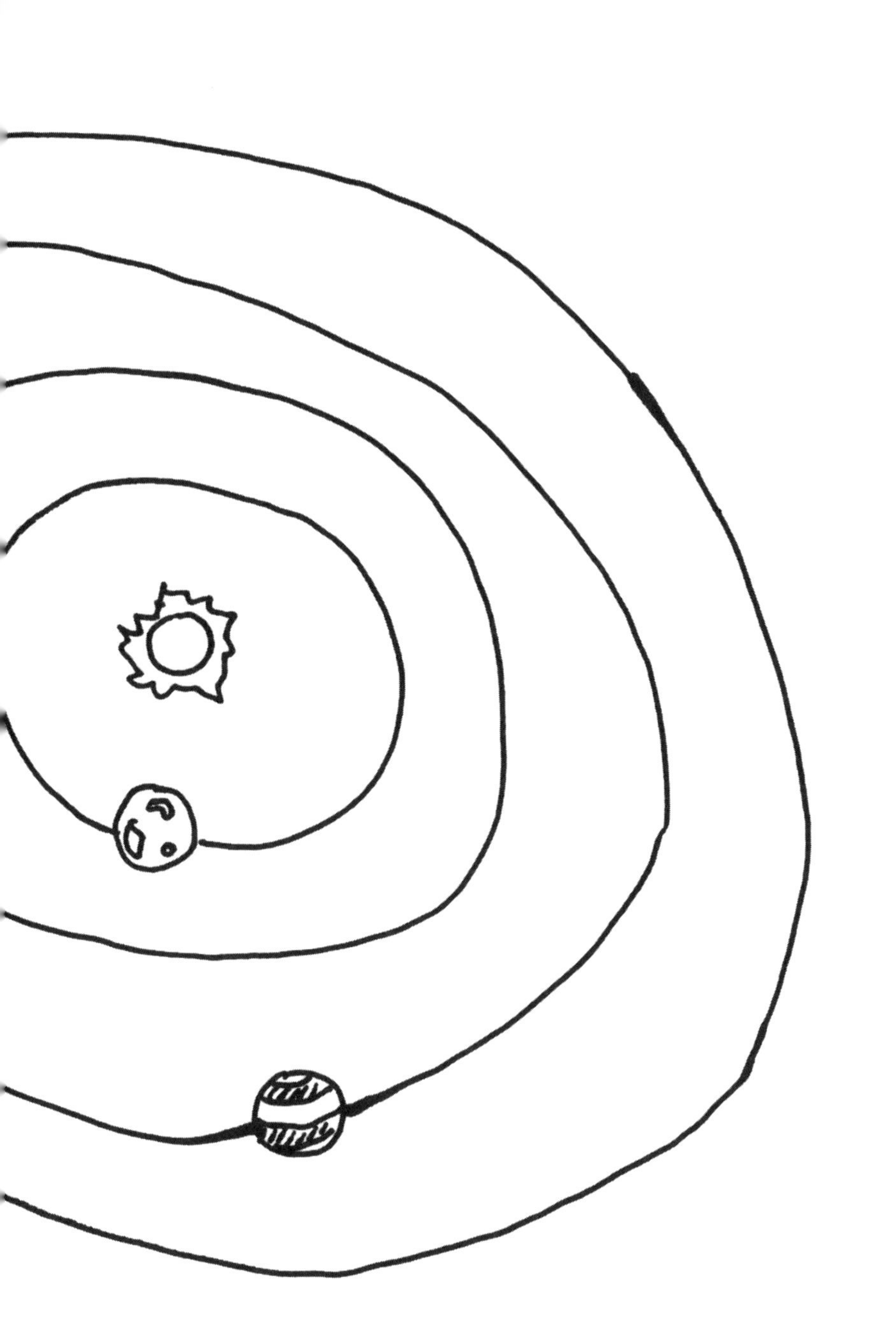

Lesson ▸ 13

「AIなんかに負けへんで！と思ったら、抽象化力や」

‥‥‥‥‥‥‥‥具体化のコンピュータと抽象化のAI

最近、AIちゅうのが話題になっとるやろ？

技術の進歩は基本的に望ましいと思うんですけど、「AIに仕事が奪われる！」とか、「子どもの学力がAIに負ける！」とかネガティブにも語られますね。

ところで、AIの定義って、いったい何や？　ただのコンピュータ・プログラムとAIの違いってなんやねん？

AIとはArtificial Intelligenceの略。日本語に訳せば「人工知能」ですけど、指し示すものの幅が広すぎて、しっかりした定義は難しいですよね……。将棋のプログラムもAIだし、ドラえもんや鉄腕アトムみたいな、会話ができるロボットをイメージする人もいます。ドラえもんみたいなAIは、まだできていないですね。

それを、わしがズドンと定義してやろうちゅうわけや。AIとは何なのか、スッキリわかるで。かっこいいやろ？

でも、AIって数学とあんまり関係なくないですか？

それが関係あるんやな〜。

――ピタゴラスは、またいつものニヤニヤ顔をしている。

AIという言葉は1956年のダートマス会議で名付けられたと言われているんやけど、まあコンピュータが発明されたのが1940年代や。初期のコンピュータは工場ぐらいの大きさで毎秒数百回の計算しかできんかったんやけど、それでも人間と比べたらすごいスピードや。そしてどんどん性能が上がっていくので「これはもしや、人間と同じように物事を考える機械もできるかもしれん!」とみんなが考え、期待しても不思議はあらへん。コンピュータの進歩のスピードを見ると、鉄腕アトムみたいなロボットができるのもそんなに遠い未来ではないように思えた。

ところがや。

ところが、コンピュータ自体は進歩を続け、その処理能力の上昇具合はむしろスピードアップしていくのに、AIはその後何十年経っても、あまり期待された進歩をしませんでしたね。

せや。50年も60年も、AIは冬の時代やったんやな。その理由として、**人間には簡単だけどコンピュータには意外と難しい分野**がいくつかあったんや。

コンピュータには意外と難しい分野?

有名なのは、まずは「巡回セールスマン問題」やろか。これは、「セールスマンがいくつかの都市を回ってセールスしなければならないとき、いちばん効率的な訪問順を求めなさい。」ちゅうやつや。コンピュータで簡単に検索できそうやろ?

都市が2つなら、訪問順はA→BとB→Aの2通り。この2通りのうち、効率的なほうを選べばええ。都市が3つなら、順番はA→B→C、A→C→B、B→A→C、B→C→A、C→A→B、C→B→Aの6通り。この6通りを調べて、いちばん効率的なのを選べばいいだけや。簡単そうやろ?

ところが、都市数が増えると、考えるべき訪問順が爆発的に増えてしまう。30都市になると、パターン数は30階乗!およそ2.6×10^{32}通りや。これがどれくらいの数かというと、1秒間に1000億回計算しても2.6×10^{21}秒かかる。年に直すと84兆年やで! 宇宙ができてからまだ138億年しか経っとらんから、宇宙の歴史を6000回繰り返す必要がある! コンピュータがどれだけ進歩しても絶望的や。

指数や階乗って、本当に直感がついていかないほど凄まじい増加スピードになるんですよね。

ところがや、コンピュータに計算させるとこんな風に絶望的やけど、実際のセールスマンはたいして困っとらんやろ。宅配便の配達員になったことを想像してもええ。今日配達すべき荷物が30個あったとき、なるべく短時間で配達を終えたいよな？　この最適な順番をコンピュータに計算させると宇宙の歴史を6000回繰り返さなあかんけど、実際配達に行けば数時間で終わる。このときの配達順は、カンでまあまあ最適な配達順を選んだはずや。同じマンションの荷物をまとめたりして効率化してな。で、必ずしも最短経路ではないけど、まあまあ最適な経路で配達することができたわけや。もしかして、例えばもう10分短縮できる配達経路はあるかもしれんけど、実用上はこの「だいたい最短経路」で問題ないし、人間はその「だいたい最短経路」を簡単に導き出すことができる。

人間には簡単でも、コンピュータにやらせると84兆年かかってしまうのっておもしろいですね。

囲碁や将棋も、似たような話やな。コンピュータなら何百手先を読むことは簡単そうやろ？　**ところが**や、実際に計算してみるで。

将棋の場合1つの局面で指せる手が100手ぐらいあると言われとる。ということは、2手先で100×100で1万通り、3手先で100万通り、16手も先にいけば10^{32}通りになって、さっきのセールスマンと同じくらいやな。何千回も宇宙の歴史を繰り返さないと計算できない量になってしまう。数手先を読むだけでもけっこう大変なんや。

ここでまた、**ところが**や。人間の場合、ある程度の将棋レベルがあれば、盤面をパッと見ただけで「先手のほうが優勢やな」とか「この陣形は強そうやな」とかわかってしまう。で、「先手のほうが優勢やな」と見えた16手後には案の定先手が勝ってしまったりもする。べつに16手先の10^{32}通りのシミュレーションをしているわけではないけれど、なんとなく「大局観」として見えるんやな。そんなわけで、コンピュータに将棋を指させても、なかなか人間に勝てない時代が長かったんや。初心者よりも強くはなるけど、大局観を身につけたアマチュア上級者には苦戦するし、その上のプロにはなかなか勝てん。

囲碁や将棋で、コンピュータが人間のトッププロに勝てるようになったのは2010年代になってからや。だから世の中も大騒ぎはじめたんやな。

囲碁でコンピュータが人間に勝ったときは世界でニュースになりましたね。

次に、「画像認識」も、コンピュータには意外と難しい分野やったんや。リンゴをパッと見たとき、人間だったら「あ、リンゴや」とすぐにわかるやろ。**ところが**、コンピュータにこれをやらせようとするとなかなか難しい。まともにやると、「リンゴというのは、赤くて丸くて直径が何センチぐらいで……」というようなことを必死に教え込まねばならん。「じゃあ緑色のはリンゴじゃあらへんの?」となったら青リンゴについても教えなならんし、「これ、丸というより四角っぽいんやけど、リンゴに入らへんの?」という疑問にも答えてやらなあかん。

人間は、人の顔も瞬時に見分けられるやろ？「あ！　プラトン君や！」とか、「あ！　アルキメデス君や！」とか、見ればすぐにわかるやろ。な？

いや、僕は二人とも会ったことがないですけど……。

コンピュータに、プラトン君とアルキメデス君の見分けかたを教えようとしたら、どうすればいいんや？

いやだから、僕は二人とも会ったことがないですけど……。

でも確かに、人の顔をどうやって見分けているか、いざ説明しようとすると難しいですね。

せやろ。目の間の距離が何ミリで、鼻の穴の直径が何ミリのほうがプラトン君で……と説明するのはとんでもなく難しい。それが最近になって、リンゴの絵や人の顔を見分けられるようになった。

SNSの顔の写真が、すぐにタグ付けされるようになりましたね。

それから、自然言語処理。「自然言語」っていうのは、C言語とかJavaScriptとかいった、いわゆるプログラミング言語でなくて、日本語や英語といった、人間が普通に使う言葉のことやな。コンピュータって、しゃべったり書いたりするのはわりと得意やけど、話を聞いたり文を読んだりするのは苦手なんや。自動翻訳機がなかなか実用化されないのも、これが理由や。日本語を英語に翻訳する前に、まず日本語を理解するのが難しい。人間だと幼稚園児でも日本語を聞いて話を理解するのに、コンピュータだとなかなか上手くいかんのや。「ヘイSiri!」と話しかけて、スマホが人の話を聞いてくれるようになったのは結構最近やろ。

囲碁や将棋の大局観、画像認識、自然言語認識。このあたりが、いままでコンピュータが意外と苦手としてきた分野の例ですね。

せや。そして、これらの分野がAIでできるようになってきたから大騒ぎしているわけや。AIが囲碁でプロに勝った。AIで人の顔を見分けられるようになった。AIに話しかけると返事をするようになった。この3つには大きな共通点がある。

共通点?

抽象化や。

また抽象化ですか!

だから、AIと数学は関係あるゆうたやろ!

基本的に、**コンピュータプログラムちゅうのは具体化をす**

るものなんや。そして、人間に真似できない圧倒的な具体化力を持つ。一方で、抽象化は苦手としてきた。例えば関数$f(x)$が定義されているとき、コンピュータは、$f(1)$でも$f(5.9)$でも$f(43534798)$でも一瞬で計算できるやろ。明らかに人間より優れているんや。ところが、逆にコンピュータに「関数$f(x)$を定義しなさい」と言っても、これは難しい。というか難しかったんや。いままではな。

ところが最近になって、**膨大なビッグデータを使うことでコンピュータが抽象化を行えるようになってきた。この変化が、まさにAIの誕生**や。

将棋で言えば、盤面をパッと見て、先手後手のどちらが有利が人間にはわかるやろ。これをコンピュータにやらせるには、評価関数というものをつくって実際の盤面を当てはめることになる。飛車を持っていたらプラス何点、王将に届く駒があればプラス何点というような関数や。この評価関数があれば、コンピュータは一瞬にして盤面を評価して点数を決められるんやけれど、その評価関数自体はコンピュータにはつくれず、人間が考えていた。だからなかなか人間を超えられなかったんやな。コンピュータは具体化をしていたんやけど、どちらが優勢か評価する、抽象的な関数を定義するのは人間の担当だったんや。ところが、大量の棋譜を機械学習することで、コンピュータが自分自身でこの評価関数をつくれるようになった。

同じように、プラトン君とアルキメデス君の写真をみて見分ける方法は、いままで人間が教えないとあかんかったので、やろうとしても効率は非常に悪かった。ところが、大量の写真を使うことによって「顔の見分けかた」をコンピュータ自身が定義できるようになった。

自然言語処理も、いままでは人間が「ここで単語が終わるんやでー」とか「主語はこうやって見つけるんやでー」と教えようとしていたから上手くいかんかったんやけど、インターネット上のビッグデータや大量の録音データから、言葉を認識する方法自体を、コンピュータ自身が見つけられるようになった。

コンピュータが抽象化を身につけた。これがAIの正体や。

そんなにシンプルに言い切っちゃっていいんですか。

いままで誰もAIの意味を定義できんかったんやから、シンプルなほうがかっこええやろ。**具体化するのがただのコンピュータプログラム。抽象化できたらAI**や。

「計算は電卓やExcelですればいいんだから数学はいらん」という言説があるやろ。これは半分の意味では正しいが、もう半分を無視しとる。具体的な数値を計算するのは圧倒的にコンピュータが速くて正確や。例えばsin(15°)+sin(45°)を計算したいのならExcelにそう入力すれば値がでるから、三角関数の公式なんて知らなくてもええ。しかし、抽象的なその「三角関数の計算方法」を考えるのは人間のお仕事や。抽象的に考えるには数学が必要なんや。少なくともいままではな。

じゃあ、具体化がコンピュータの仕事で抽象化が人間の仕事だとしたら、AIが抽象化を身につけたら、人間の仕事はなくなってしまうんでしょうか？

その可能性はある。だからみんな大騒ぎしだしたんや。

というてもな、具体化と抽象化の観点からすると、AIはまだ「ちょっと抽象化っぽいこと」をはじめたばかりや。将棋の大局観がわかるとか、人の顔を見分けられるとかな。コンピュータは、圧倒的な具体化能力とちょっとした抽象化能力をあわせ持ったわけやから、とある分野においては、もちろん人間よりも圧倒的なパフォーマンスを発揮する。けど、抽象化能力自体はまだまだ人間に追いついておらんのよ。

もし「AIなんかに負けたくない！」と思ったら、数学を勉強して抽象化能力を高めるのが手っ取り早いと思うんやけど、なぜだか世の中はそういう方向に向かってかんなぁ。

Lesson▸ 14

「鳴くよウグイス平安京かて、抽象化や」

・・・・・・・・・・・・・・ 勉強とはいったい、なんだったのか？

数学の本質は抽象性ゆうたけどな、もう少し範囲を広げると、**学校の勉強とは基本的に全部抽象化**や。

全部？　英語も国語も理科も社会もですか？

全部や。例えばな、社会の歴史を勉強するときに「鳴くよ（794）ウグイス平安京」とか「いいくに（1192）つくろう鎌倉幕府」とか教えてもらうやないか。

なんか例がドメスティックですけど、ギリシアの例じゃなくて大丈夫ですか？

わかりやすいように自分に合わせとるんや!!!

はい。

勉強ができんやつはな、こういう断片的なできごとや知識を丸暗記するのが勉強だと思いこんどる。

歴史はある程度暗記科目だとは思うのですが……。

違うんやなー。勉強ができるやつらは、暗記しようとしないんや。そのかわり、**断片を整理して、より抽象度の高い概念にまとめ上げていく**んや。

「より抽象度の高い概念」て、どういうことですか？

例えばな、「平安時代」という言葉を用意すれば、「平安京遷都」も「藤原道長くん」も「壇ノ浦の戦い」も全部同時に指し示すことができるやろ。「平安時代」という抽象的概念を使って個別のできごとを整理できるんや。同じように、「1192年に源頼朝くんが征夷大将軍になった」というできごとは「鎌倉時代」という概念に抽象化できる。同じように「室町時代」や「江戸時代」という抽象概念も生まれるわけやけど、これらをさらに抽象度の高い概念にまとめることもできる。それが「日本史」やな。

図にするとこんな感じや。

——ピタゴラスは、また勝手に僕のノートに図を書いた。

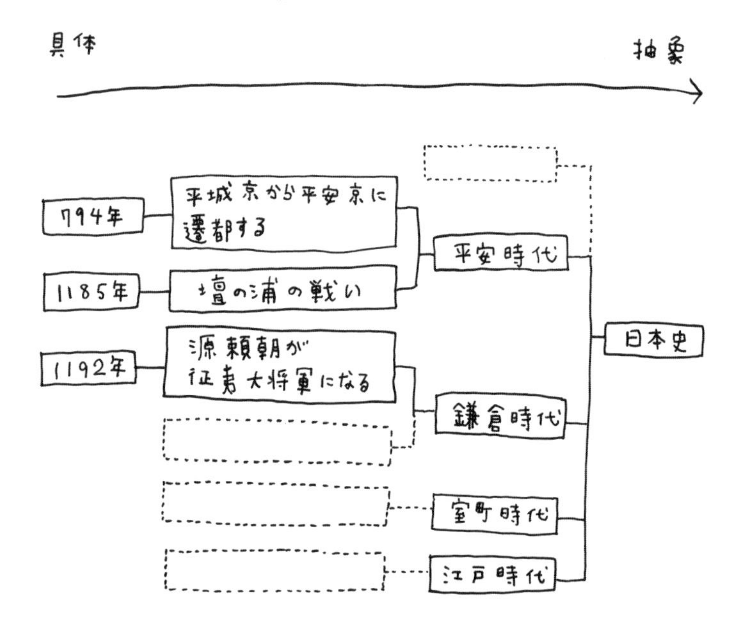

こうやって具体的なできごとと抽象的な概念が整理されると、次に新しい言葉が出てきても、その置き場がすぐにわかるやろ。「徳川吉宗くん」やったら江戸時代のココ、「日清戦争」やったら明治時代のココゆう具合や。さらに言えば、こうやって新しい言葉が加わって抽象概念が充実すると、次の言葉はもっと簡単に正確に、その置き場がわかるようになる。

これが丸暗記と抽象化の最大の違いやな。**丸暗記は、暗記すればするほど頭がパンクしてどんどん効率が悪くなっていくけど、抽象化は、すればするほど整理の効率が上がっていく**んや！

なるほど。僕は、数学の公式は丸暗記すべきものじゃなくて、体系的に整理して理解すべきものだと考えていましたけど、他の教科も同じなんですね。

せや！　もっとも、学校の教科のなかでも、その抽象性の洗練され具合や抽象化のパワフルさは、数学がピカイチやで。

歴史だったら、鎌倉時代のはじまりを「1192年源頼朝くんが征夷大将軍になった」年にするか、「1185年源頼朝くんが全国に守護地頭を設置した」年にするか見解が分かれたりするやんか。どっちが決定的に間違っているわけでもないけど、どちらにもそれなりの根拠や異論がある。何か新しい発見があると教科書も書き換わるかもしれん。聖徳太子は実在したとかしなかったとかな。

けど、数学においては、最終的にはあらゆる人がその抽象概念に同意する。三角形の面積は「底辺×高さ÷2」であって、人によって「底辺×高さ÷3」だったり「底辺×高さ÷4」にはならないんや。抽象的な理論が書き換わることもない。「三角関数はウソでした」とか「微分はありませんでした」とかには絶対にならないやろ。

——数学や他の教科を勉強する意味を、もし誰かがこんなふうに教えてくれていたなら……。もちろん、だからと言って、教科の好き嫌いがなくなることはないだろう。しかし、少なくとも、苦手な教科も好きな教科の地続きにあるものとして捉えることができるかもしれない。

Day 7

見えないときに、見る

数学とは、
見えないものを見ようとする試みである。
大切であるけれども理解できないことを
なんとかして理解しようとする試みである。

Lesson▸ 15

「目には見えない、ビジネスの法則も見えるんやで」

……………………………… **ピタゴラスの経理**

ところで、「どんな問題でも解ける3ステップ」のステップ2で、「抽象化」のことをビジネスや研究の場では「モデル化」という、とおっしゃってましたけど、それはどういうことですか？

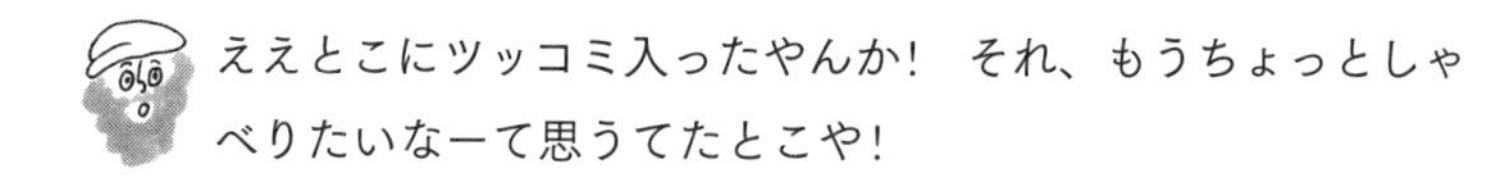

ええとこにツッコミ入ったやんか！　それ、もうちょっとしゃべりたいなーて思うてたとこや！

――（だったら最初からしゃべればいいのに……）

この日は、はじめてピタゴラスに会った日によく似た、さわやかな秋晴れだった。とはいえ季節は確実に変化していて、海風がとても冷たい。毎日同じ、ぼろ布のような衣装とサンダル履きで、この老人は寒くないのだろうか。

「抽象化」とは、高校までの数学についていえばほぼ「数式化」のことだと思っていいんやけど、本当はもっともっと範囲が広いことなんや！　そやなあ、例えば……ビジネスや商売についての抽象的な法則があるやないか。あれや、あれ、あの定理……。どんな商売でも上手くいく魔法の定理……。そう、名付けて、ピタゴラス♡の経理！

いや、そんなのないし……。それ、いま思いついただけじゃないですか？　自分で「名付けて」って言ってるし。

まだ見つかっていなかったり有名やないだけで、宇宙には様々な法則や定理が潜んでるんよ。

ま、この定理はわしがさっき思いついたんやけどな。

やっぱり……。

まあまあ聞けや。この定理によると、商売とはこう表される。

「商売とは、集客システムと収益システムの掛け算である」

???

何いっとるかわからんやろ。

ええ、よくわかんないです……。

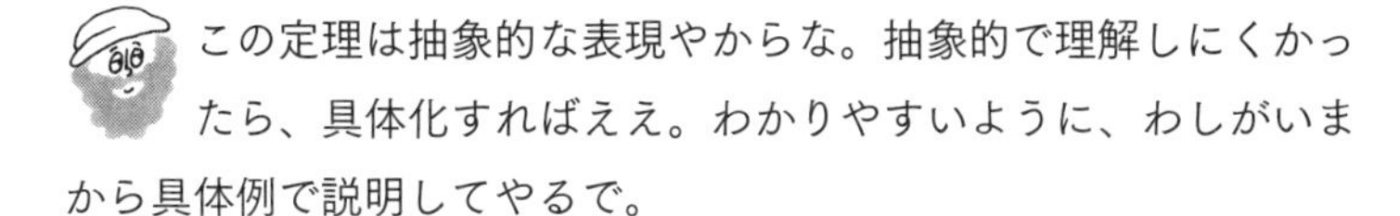
この定理は抽象的な表現やからな。抽象的で理解しにくかったら、具体化すればええ。わかりやすいように、わしがいまから具体例で説明してやるで。

例えばハンバーガーショップや。ハンバーガーショップの看板にはだいたいハンバーガーの絵が描いてあって、お客さんもハンバーガーが欲しくてお店に行くわけやけど、ハンバーガーと一緒にポテトとコーラも注文するやろ。実は、お店の利益はほとんどこのポテトとコーラからあがってたりするんや。ハンバーガーは仕入れ値が350円で売値が400円、コーラは仕入れ値が20円で売値が200円とかな。ハンバーガーは売っても50円しかもうからないけどコーラは180円ももうかる。

このハンバーガーが集客システムで、コーラが収益システムや。ハンバーガーをいくら売っても利益にならないんやけど、もうかるからといってポテトとコーラ屋さんをしても、お客さんがやってきてくれない。ハンバーガーの集客力と、コーラの収益力の掛け算でハンバーガーショップという商売は成立しとるんやな。

あと、有名な例はプリンターとインクなんてのもあるな。みんなプリンターが欲しいからプリンターを買いにくるわけやけど、その後必ずインクを使うやろ？　だからプリンターメーカーは、赤字覚悟の低価格でプリンターをたくさん売る。一方インクの収益率を高く設定して、インクを使ってもらうときにしっかり収益をあげようという商売や。これも、プリンターの集客力とインクの収益力を掛け合わせとる。

なるほど、「集客システムと収益システムの掛け算」という意味がわかってきました！

具体化すると抽象的な法則の意味がわかるやろ。そして、この「ピタゴラス♡の経理」を知ってから世界を見ると、いまま

でと違ったことが見える！　ほれ、いつも使っている電車の駅な。駅の周りには家がたくさん建っとるやろ？　当たり前の光景に見えるんやけど、その家が建っとる土地、誰のもんだったと思う？　その土地は、鉄道会社のものだったりするんや。鉄道会社が線路を敷き、駅をつくると便利になって人がたくさん集まってくるから、その人たちに駅近の土地を売ってあげるんや。そうすればがっぽがっぽやろ？　鉄道という集客システムと不動産という収益システムを掛け合わせて商売しとるんや。

確かに、いままで気づきませんでしたが、いろんなビジネスで当てはまりそうですね。

この定理を知っていれば、環太、自分が独立して塾を開こうとしたときにも役立つで。ビジネスとは、ようするに、集客システムと収益システムをつくればいいんや。

集客システムとしては、例えば「目立つ看板を出す」とか「生徒の紹介システムをつくる」とかが考えられるやろ。収益システムとしては、普通に「月謝制」にしてもいいし、「教材販売」をしてもいいかもしれん。もしかして、集客システムとして「無料授業」をして収益システムとして「有料自習室がある」という塾もおもしろいかもしれん。いろんな商売の方法が思いつくやんか。

このように、ハンバーガーショップを見て、**目には見えない「ピタゴラス♡の経理」という法則を見抜くのがビジネスにおける抽象化である「モデル化」や。**

Lesson ▸ 16

「で結局、なんで数学を教えるんや?」

・・・目に見えない世界の半分にある、選択肢と可能性

なあ、自分、なんで数学の先生になろうと思ったんや?

言ったじゃないですか。子どもたちに、数学の楽しさを伝えたいんですよ。

子どもたちに数学の楽しさが伝わると、どうなるんや?

――そう言われて、僕は少し戸惑った。確かに、生徒たちに数学の楽しさが伝わったとして、その先どうなるのが良いのか、あまり考えてこなかった。数学好きな人が増えると、もしかして日本の科学技術は発達し、この国はさらに豊かになるかもしれない。でも、僕自身が望んでいるのは、そういうことではない気がする。

数学は、一部の人たちのものだけではないと思います。

どういうことや?

日本では事実上、高校生の時点で「数学が好きか嫌いか」という基準だけで進路が二分されます。数学が得意なら理系、嫌いなら文系。数学の好き嫌いで将来が二分されてしまうんです。もちろん、学校で履修した内容や大学の学部が、そのまま職業を決めるわけではありません。けれど、一方通行なんです。

工学部を出た人が営業マンになることはよくあるけど、経済学部を出て技術者になることは難しい。医学部を出た医者が小説家になることはあっても、文学部を出た人が医者になることはない。

子どもたちには無限の選択肢と可能性があるのに、数学が嫌い、楽しくないというだけで、世界の半分が閉ざされてしまうのはおかしいと思います。

子どもたちに、選択肢と可能性を与えたいちゅうことやな。

子どもたちだけではないです。

数学とは、「目に見えないものを見ようとする試み」だとわかりました。目に見えるものごとの奥には、必ず目に見えない理論や本質が存在しています。そして、その目に見えない本質は、知れば知るほど驚きと感動をもたらしてくれます。

数学の持つ抽象性に目を瞑ることは、子どもでなくても大人でも、世界の半分に対して目を瞑ることと同じです。数学が世界を広げてくれるのは、すべての人に対してです。

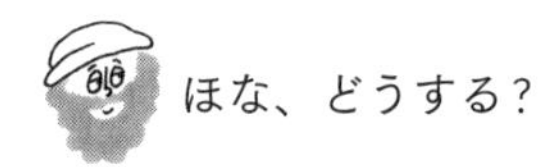

ほな、どうする？

僕がやるべきことは変わりません。子どもたちに、数学の楽しさを教え続けます。ただ、そのやりかたがわかってきました。数学は、アンケートをとるといつも嫌いな教科ナンバーワンですけど、往々にして好きな教科ナンバーワンでもあるんです。ナンバーワンになるおもしろさを、正しく伝えればいいんです。

ありがとうございます。今日ももうすぐ授業ですけど、生徒たちに伝えるべき言葉が見つかってきました。明日もここにいるんですか？

どうやろなー。必要なときにはいるんやけどなー。

では、明日もまた来ます。また教えてくださいね！　あ、これ。冷えてきましたし、よかったら。

――僕は、自分がしていた赤いマフラーをピタゴラスに押し付け少々急いで別れの挨拶をすると、駅前商店街の塾に向かった。今日は高校生のクラスである。

Epilogue
ピタゴラスの訓え

──あれから、ピタゴラスには出会わなかった。

次の日も、その次の日も、レインボーブリッジのたもとに彼はいなかったのだ。

ときおりふ頭の先っぽの公園を訪れても、出会うのは釣り人と野球少年だけだった。

彼が何者だったのか、未だに釈然としない。年が明け、いちばん寒い時期も僕はマフラーなしで過ごし、海風に吹きつけられるたびに、少しだけ後悔した。桜のつぼみが膨らみはじめたある日、赤いマフラーをした老人を見かけて足を止めた。僕は、今日も、彼の言葉を思い出しながら数学について考える。

数学の偉大さ、おもしろさは「抽象性」にある。数学を学ぶ目的も「抽象性」である。

数学は、「抽象性」を求めるがゆえに偉大であり、おもしろく、美しい。数学を学ぶ目的を「論理性」や「実用性」に求めると肩透かしをくらう。

具体的であるとは、個別的であり、実用的であり、五感で捉えられることである。抽象的であるとは、一般的であり、本質的であり、五感で捉えられないことである。

「抽象的」とは捉えにくい言葉であるが、要するに「具体的」の反対だ。「具体的である」とはどういうことなのか？　その反対が「抽象的である」ということだ。具体と抽象それぞれに相反する性質があり、それぞれメリットとデメリットがある。

実用性を求めることは具体方向への活動であり、本質を追い求める抽象化とは逆方向への活動である。

実用性は大切である。しかし数学において、実用性のみを追い求めると道に迷い込む。本来的に、数学は実用とは反対である抽象方向へ向かう活動だからだ。歴史的に、数学者たちは抽象的な本質を追い求め、実用の方法を探すのは物理学者や工学者の役割だった。

論理性は最後のトドメ。最初から使うものではない。

数学の問題でも、人とのコミュニケーションでも、最初から理屈で攻めても上手く行かない。直感や共感を大事にして、最後に論理で固めてトドメをさすのだ。

人は、目に見える具体的なものしか理解できない。しかし、本当に大切なものは目に見えない。

人は、五感で捉えられるものしか理解できない。五感で捉えられない抽象的なものは、基本的に理解できないのだ。数学がわかりにくく嫌われる理由でもある。しかし、本当に大切な物事の本質は、往々にして目に見えない。理解できないからといって、そこで立ち止まってはいけない。

抽象方向に進んでから具体方向を振り返ることで、抽象的な本質が理解できる。

人間には、抽象的な理論を直接理解することが難しい。抽象的な理論を学んでから具体的な事象に接することで、初めて抽象的な本質が理解できる。この意味で、問題演習の量をこなしたり反復練習する「暗記数学」は成果を上げる。数学を理解するには、具体的な問題が必要なのだ。

抽象的な理論を理解する方法はもう一つある。さらに抽象方向に進んでから、具体方向を振り返ることだ。中学数学を学んで算数の具体性がわかったように、高校数学を学ぶと中学数学が理解可能で具体的なものに見えてくる。大学数学を学んで高校数学の本質を理解する、ということが起きる。

「人は具体的なものしか理解できない。しかし、本当に大切なものは抽象的である。」とは、具体性と抽象性が持つ厄介な性質であるが、「本当に大切なものを理解する」突破口でもある。

数学の問題は、具体化して理解し、数式として抽象化し、抽象的な数式を操作する。

もし数学の問題がわからなければ、具体化すればよい。具体化三種の神器は「図示」「代入」「場合分け」だ。それで問題の意味がわかったなら、抽象化して考える。抽象化とは、高校までの数学においては、文字式にすることである。さらに言えば、ほとんどの場合は「＝」を使った等式でよい。文字式になったら、ここでようやく、学校で習った公式や定理が活躍する。抽象的な文字式を抽象的なまま操作できるのだ。

これで数学の問題は解けるが、さらに抽象化、一般化して考えるのもいい。数学は、そのようにして発展してきた。

抽象性とは、数学だけのものではない。

数学の本質は抽象性であるが、抽象性とは数学世界の中だけの閉じたものではない。具体化と抽象化は、あらゆる教科、あらゆる思考にも潜んでいる。日常生活のあらゆる場面において、抽象性の世界は開かれているのだ。

数学とは、見えないものを見ようとする試みである。大切であるけれども理解できないことを、なんとかして理解しようとする試みなのだ。目に見えるものごとの奥には、必ず目に見えない理論や本質が存在している。そしてその目に見えない本質は、知れば知るほど驚きと感動をもたらしてくれる。

数学とは、一部の科学者や技術者だけのものではない。その人が見る世界を、まったく違う方向に広げてくれる。数学から見える世界は、まるで神様が創ったかのように美しいのだ。

あとがき

そして、数学は哲学になる

ここまで、環太くんとピタゴラスのお話を読んでいただきありがとうございました。

昔から理系の大学でささやかれているジョークに、

「大学では、化学は物理に、物理は数学に、数学は哲学になる。」

というものがあります。これはどういうことかというと、高校までの化学は「鉄」とか「塩酸」とかいった具体的な物質を扱っていたのですが、大学では、ほとんど「電子」とか「陽子」とかの相互作用の話になり、まるで物理学のようになるということです。同じように、大学の物理では微分積分ばかりするようになり、まるで数学の授業になります。オチ担当の数学はどうなるかというと、数式すらも出てこない抽象的な記号だらけの議論になり、まるで誰も理解できない哲学のようだ。ということです。

このジョークは、**授業の科目が、高校から大学に進むとそれぞれ一段階抽象化される**ということを意味しています。学問は先に進むほど抽象化される傾向にあり、その終極が数学なのです。

実は私も、大学で一段階抽象化された数学には全然ついていけず苦労しました。正確には、自分が高校までの数学を理解していなかったことを思い知らされました。一応、東大の理系出身なので数学が得意だろうと思われることが多いのですが、決してそんなことはなく、受験勉強はなんとかごまかして乗り切っただけだった、ということを大学に入ってから知ったのです。

結果的に、私が高校までの数学を理解したのは、家庭教師や塾講師のアルバイトをして高校生に数学を教えだしてからでした。いま思えば、**より抽象的な数学を知ってから、いままで歩んできた具体方向を振り返ることで、より深く理解することができた**のです。なんと、このいままで歩んできたはずの数学は、思いもよらないほど美しく、完成度の高いものでした。たとえるなら、登山のようなものです。山頂を目指して歩いている間は、足元の石ころや目の前の木々が気になってしまうのですが、あるときふと自分の歩いてきた道を振り返ると、驚くほど高い場所まできたことを知り、見下ろす眺めに目を奪われるのです。

「理解できないとおもしろくない」というのは数学の困った性質ですが、理解できないからとそこで止まらず、一段進んだところから見る風景の美しさを知ってもらいたいというのが、私の思いの一つです。

この本を書く元となったのは、ある学習塾で「数学のゴールとは何なのか？　数学を教える目的とは何なのか？」ということを議論したことです。高校までのカリキュラムを整理すると、どうやら大学で学ぶ「微分方程式」に向かって組まれているらしいという結論になりました。そして「微分方程式」を使いこなすと、ほとんどあらゆる物理法則を解析することができ、様々な科学技術に応用することができます。数学は、現代文明の礎なのです。

しかし、そうはいっても、学習塾にいる生徒は、必ずしも科学者技術者を志望しているわけではありません。むしろそんな子は少数派です。**なぜ全国民が数学を勉強する必要があるのか？**　数学が好きな人や得意な人だけが勉強して現代文明に貢献すればいいのではないか？　このような問いに対する答えにはなりません。

「数学を直接的に利用している人は少ないが、数学によって社会で役立つ論理的思考力が育つ。これこそ数学を学ぶ目的だ」と主張する人たちがいます。文部科学省の見解もこれに近いものです。しかし、どうもすっきりしません。

私自身、大企業からベンチャー企業まで様々な場所でビジネスに携わりましたが、いわゆる「数学的論理思考」がビジネスの場で役に立つとは、どうしても感じることができませんでした。むしろ、実際の社会生活において、「論理的に導かれる数学的正解が用意されている」と信じるのは害悪です。実際の社会は論理的には動いておらず、正解もありません。どちらかというと、**「正解はなく論理通りにいかない社会の中でどう生きるのか？」を考えるのが実社会での思**

考です。

この議論のなかでの私の結論は、「**数学を学ぶ目的は、抽象性を育てることにある**」というものでした。実用性や論理性を重視しようとするから、話がおかしな方向にいってしまうのです。代表例が冒頭にあげたジョークですが、学校での勉強とは、基本的に抽象方向を向いています。そして、数学は教科の中でも抽象性において王者と呼べるものです。

いわゆる「論理的思考」が実社会で使えるものなのかはかなり疑問ですが、**抽象性と具体性を操作する思考は、世界のあらゆる場所にあふれています。**具体と抽象については、近著『賢さをつくる　頭はよくなる。よくなりたければ。』（CCCメディアハウス）で詳しく解説しているのでぜひお読みください。『賢さをつくる』のなかでも、抽象性のおもしろさと数学の役割について書いていますが、これを読んだ担当編集者に「こんなことを高校生のときに教えてもらっていれば数学の見かたが変わったのに!」と言われたのが本書を書くことになった直接のきっかけです。

数学に対する見かたが変わることで、思考そのものに対する見かたが変わります。思考に対する見かたが変わることで、世界そのものに対する見かたが変わります。この本を読んだ後には、みなさんの前に新しい世界が広がっていることを願っています。

株式会社日本教育政策研究所　谷川祐基

読者特典

もう道に迷わない！「数学全体MAP」

最後まで本書をお読みいただきありがとうございます。本書の願いの一つは、「数学なんて意味不明！　役立たず！　大嫌い！」と思って数学を捨ててしまった方に、数学本来の目的と美しさを見直してもらうことです。さらに言えば、数学を楽しく学び直してもらいたいと思っています。

そこで、読者特典として、数学の学び直しに役立つ「数学全体MAP」をご用意しました。これは、小学校から高校までの算数数学を一枚の図にまとめたものです。本書でも説明された通り、数学で勉強することは何かしら今まで勉強したことの一般化であり、その先ではさらに一般化されていく道筋があります。しかし、いざ数学を目の前にするとなかなか前後の道がわかりません。

いったい今どこにいて、どこから来て、どこへ向かうのか?

数学を全体像から眺めることで、現在地とすすむべき道が見えてきます。社会人の学び直しにも、現役で数学を勉強している中学生高校生にも役立つMAPです。ぜひご活用ください。『見えないときに、見る力。』特設サイトから読者登録していただくことでプレゼントいたします。

『見えないときに、見る力。』特設サイト
https://suugaku.info/

※読者特典は、特設サイトでメールアドレスを
登録していただければ、Eメールでお送りします。

株式会社日本教育政策研究所
代表取締役　谷川祐基

参 考 文 献

太宰 治『斜陽』
（新潮文庫、2003）

谷川祐基『賢さをつくる 頭はよくなる。よくなりたければ。』
（CCCメディアハウス、2020）

サン＝テグジュペリ『星の王子さま』
（河野万里子訳、新潮社、2006）

著者略歴

谷川祐基

（たにかわ・ゆうき）

株式会社日本教育政策研究所 代表取締役

1980年生まれ。愛知県立旭丘高校卒。東京大学農学部緑地環境学専修卒。小学校から独自の学習メソッドを構築し、塾には一切通わずに高校3年生の秋から受験勉強を始め、東京大学理科I類に現役で合格する。大学卒業後、5年間のサラリーマン生活を経て起業。「自由な人生と十分な成果」を両立するための手助けをするべく企業コンサルティング、学習塾のカリキュラム開発を行い、分かりやすさと成果の大きさから圧倒的な支持を受ける。マリンスポーツ・インストラクターとしても活躍中。

著書に『賢さをつくる　頭はよくなる。よくなりたければ。』『賢者の勉強技術　短時間で成果を上げる「楽しく学ぶ子」の育て方』（共にCCCメディアハウス）がある。

日本教育政策研究所　https://ksk-japan.net/

見えないときに、見る力。
視点が変わる打開の思考法

2021年11月6日　初版発行

著者　谷川祐基
発行者　菅沼博道
発行所　株式会社 CCCメディアハウス
〒141-8205　東京都品川区上大崎3丁目1番1号
電話 販売 03-5436-5721　編集 03-5436-5735
http://books.cccmh.co.jp

装幀・本文デザイン　新井大輔
装画・本文イラスト　風間隼人
校正　株式会社円水社
印刷・製本　豊国印刷株式会社

 ISBN978-4-484-21226-5